高职高专机电类规划教材

金属切削机床原理与结构

主　编　孙春霞

副主编　叶　穗

参　编　王秋红

主　审　高志坚

机械工业出版社

本书针对高职高专学生的培养目标和岗位技能的要求，贯彻了"以学生为根本，以就业为导向，以标准为尺度，以技能为核心"的理念。主要内容共七章，包括：车床、铣床、M1432B 型万能外圆磨床、数控机床概述、数控机床的典型结构、数控车床与车削中心、数控铣床与加工中心。内容以基本理论为基础，针对高职高专教育的特点，以培养高端技能型人才为目的，着重加强实用性。每章后均附有复习思考题。

　　本书可作为高职高专院校机电一体化技术、机械设计与制造、机械制造与自动化、机电设备维修与管理等专业的教材，也可供中等职业学校、职业高中、成人教育以及生产一线的工程技术人员参考。

　　本书配有电子课件，凡使用本书作为教材的教师可登录机械工业出版社教育服务网 www.cmpedu.com 注册后下载。咨询邮箱：cmpgaozhi@ sina. com。咨询电话：010 - 88379375。

图书在版编目（CIP）数据

金属切削机床原理与结构/孙春霞主编. —北京：机械工业出版社，2015.8
高职高专机电类规划教材
ISBN 978-7-111-50317-0

Ⅰ. ①金…　Ⅱ. ①孙…　Ⅲ. ①金属切削—机床—高等职业教育—教材　Ⅳ. ①TG502

中国版本图书馆 CIP 数据核字（2015）第 107371 号

机械工业出版社（北京市百万庄大街22 号　邮政编码100037）
策划编辑：刘良超　责任编辑：刘良超
版式设计：霍永明　责任校对：肖　琳
封面设计：鞠　杨　责任印制：李　洋
北京瑞德印刷有限公司印刷（三河市胜利装订厂装订）
2015 年7 月第1 版第1 次印刷
184mm×260mm·10. 75 印张·264 千字
0001—2500 册
标准书号：ISBN 978-7-111-50317-0
定价：24.00 元

前　言

　　为了适应高等职业教育事业的不断发展,贯彻《国务院关于大力发展职业教育的决定》精神,落实文件中提出的"大力推行工学结合、校企合作的培养模式",更好地适应企业的需要,为振兴装备制造业提供服务,满足高技能人才培养的要求,特组织人员编写了本书。

　　本书贯彻了"以学生为根本,以就业为导向,以标准为尺度,以技能为核心"的理念,以及"实用、够用、好用"的原则,突出"实用",满足"够用",对课程进行优化和整合。对于各类主流金属切削机床,本书都选用其中的典型对象做详细介绍,以点带面,点面结合,加深学生对设备的了解。

　　本书主要介绍了 CA6140 型卧式车床、X6132A 型万能卧式铣床、M1432B 型万能外圆磨床、数控车床与车削中心、数控铣床与加工中心的工作原理、传动系统,分析了每种机床的典型结构,并介绍了每种机床可能出现的故障及其排除方法,以提高学生分析问题、解决问题的能力。

　　本书由常州机电职业技术学院孙春霞担任主编,叶穗担任副主编,王秋红参编,具体编写分工为:第一章、第二章由王秋红编写,第三章~第五章由孙春霞编写,第六章、第七章由叶穗编写,全书由孙春霞统稿。常州机电职业技术学院高志坚审阅了本书并提出了宝贵意见,周岳老师、徐先良老师等在编写过程中给予了大力支持和帮助,在此表示感谢。

　　由于编者的水平有限,缺点和错误在所难免,恳切希望广大读者批评指正。

编　者

目　　录

绪　论

一、金属切削机床的概念及其在国民经济中的地位和作用

金属切削机床简称机床，它是利用刀具对金属毛坯进行切削来加工机械零件的一种工作机械。

金属切削机床是制造机器的机器，称为"工作母机"或"工具机"。在现代化机械制造工业中，金属切削机床是加工机器零件的主要设备，机器制造工作总量的 40% ~ 60% 由机床加工完成，机床的技术性能直接影响机械产品的质量和制造经济性。

一个国家机床工业的技术水平、机床的拥有量和现代化程度是这个国家工业生产能力和技术水平的重要标志之一。

二、金属切削机床的发展概况

机床是人类在认识自然和改造自然的过程中，随着社会生产力和科学技术的进步，不断发展和逐步完善的。

机床的发展历史可以上溯到六千年前的原始弓钻。18 世纪机动刀架的发明，宣告了现代机床雏形的诞生。19 世纪末，美国人诺顿发明了用手柄换档的变速箱，这是机床变速机构的一次重要变革，这种变速机构被广泛应用到各种机床上，为加工参数优化技术的出现奠定了重要基础。20 世纪初，单独电动机驱动的封闭齿轮箱结构的问世，标志着机床已基本具备了现代化的结构形式。20 世纪初到 40 年代，高速钢刀具和硬质合金刀具的应用以及液压等技术的应用，使机床在传动、结构、控制等方面得到很大的改进，加工精度和生产效率得到显著提高。

从 20 世纪 50 年代以来，计算机技术开始用于机床，先后出现了普通数控机床、加工中心、柔性制造系统等。另外，特种加工机床如电火花加工机床、超声波加工机床、电子束加工机床、激光加工机床等也有了长足的发展。

计算机集成制造的兴起，表明机械制造这一古老的产业正在走向一个崭新的变革。

三、金属切削机床的分类与型号编制

金属切削机床品种和规格繁多，不同的机床，其构造不同，加工工艺范围、加工精度和表面质量、生产率和经济性、自动化程度和可靠性等都不同。为了给选用、管理和维护机床提供方便，我国国家标准 GB/T 15375—2008《金属切削机床　型号编制方法》规定了机床分类和型号编制。

（一）机床分类

1) 按机床的加工方法和所用刀具及用途来分（最基本的分类方法），机床可分为 11 类：车、钻、镗、磨、齿（轮）、螺（纹）、铣、刨、拉、锯、其他。每类机床划分为 10 个组，每组又划分为 10 个系（系列）。

2）按工艺范围的宽窄分，机床可分为：通用机床、专门化机床、专用机床。

通用机床的加工范围较广，可加工多种零件的不同工序。专门化机床用于加工不同尺寸的一类或几类零件的某一道（或几道）特定工序。专用机床是为某一特定零件的特定工序所设计的，其工艺范围最窄。

3）按加工精度不同分，机床可分为普通精度机床、精密机床、高精密机床。

4）按自动化程度分，机床可分为手动机床、半自动机床、自动机床。

5）按重量和尺寸大小分，机床可分为仪表机床、中型机床、大型机床（10t）、重型机床（30t）、超重型机床（100t）。

（二）机床型号的编制

机床型号是机床产品的代号，用以简明地表示机床的类型、主要技术参数、性能和结构特点等。

1. 通用机床型号的表示方法：

通用机床的型号由基本部分和辅助部分组成，中间用"/"隔开，读作"之"。前者需统一管理，后者纳入型号与否由企业自定。

通用机床的型号以汉语拼音字母及阿拉伯数字按一定的格式组合而成，型号中的汉语拼音字母一律按其名称读音。

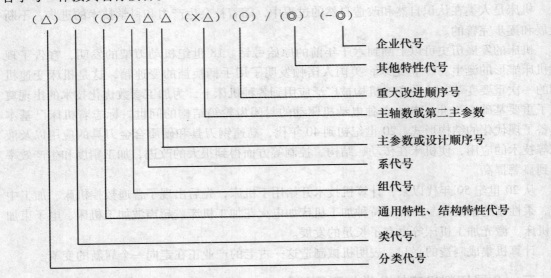

注：①有"（ ）"的代号或数字，当无内容时则不表示，若有内容则不带括号。

②"○"符号表示大写的汉语拼音字母。

③"△"符号表示阿拉伯数字。

④"◎"符号表示大写的汉语拼音字母，或阿拉伯数字，或两者兼有。

2. 通用机床型号说明

（1）类代号　机床的类代号用大写的汉语拼音字母表示，共11类。例如，钻床的类代号为"Z"，读作"钻"。

必要时，每类可分为若干分类，分类代号在类代号之前，作为型号的首位，并用阿拉伯数字表示，第1分类代号前的"1"省略，第"2""3"分类代号则应予以表示。例如，磨床类分为 M、2M、3M 三个分类。机床的类代号和分类代号见表 0-1。

表 0-1 机床的类代号和分类代号

类别	代号	读音	类别	代号	读音
车床	C	车	齿轮加工机床	Y	牙
钻床	Z	钻	刨插床	B	刨
镗床	T	镗	拉床	L	拉
铣床	X	铣	螺纹加工机床	S	丝
磨床	M	磨	锯床	G	割
	2M	二磨	其他机床	Q	其
	3M	三磨	—	—	—

（2）通用特性代号、结构特性代号 这两种特性代号都以大写的汉语拼音字母表示，位于类代号之后。

当某类机床除有普通形式外，还有某些通用特性时，在类代号之后加通用特性代号予以区分。通用特性代号在各类机床中所表示的意义相同，见表 0-2。

表 0-2 机床的通用特性代号

通用特性	高精度	精密	自动	半自动	数控	加工中心自动换刀
代号	G	M	Z	B	K	H
读音	高	密	自	半	控	换
通用特性	轻型	加重型		柔性加工单元	数显	高速	仿形
代号	Q	C		R	X	S	F
读音	轻	重		柔	显	速	仿

当在一个机床型号中需同时使用 2~3 个通用特性代号时，一般按重要程度排列顺序。如果某类型机床仅有某种通用特性，而无普通型式，则通用特性不予表示。例如：C2150×6 型棒料自动车床，由于该型机床没有普通型，故不必用"Z"表示通用特性。

对主参数相同而结构、性能不同的机床，在型号中加结构特性代号予以区分。结构特性代号在型号中没有统一的含义，只在同类机床中起区分机床结构和性能的作用。当型号中有通用特性代号时，结构特性代号应排在通用特性代号之后。

结构特性代号用汉语拼音字母（通用特性代号已用的字母和"I、O"两个字母不能用）表示，当单个字母不够用时，可将两个字母组合起来使用，如 AD 或 AE 等。

（3）机床组、系的划分原则及其代号

1）机床组、系的划分原则：每类机床划分为 10 个组（在同一类机床中，主要布局或使用范围基本相同的机床，即为同一组），每组又划分为 10 个系（在同一组机床中，主参数相同、主要结构及布局形式相同的机床，即为同一系）。

2）机床组、系的代号：

机床的组，用一位阿拉伯数字表示，位于类代号或通用特性代号和结构特性代号之后。

机床的系，用一位阿拉伯数字表示，位于组代号之后。

(4) 机床主参数和设计顺序号 机床型号中主参数代表机床规格大小,用折算值表示,位于系代号之后。折算系数可为 1、1/10、1/100。当折算值大于 1 时,则取整数,前面不加 "0";当折算值小于 1 时,则取小数点后第一位数,并在前面加 "0"。

常见机床的主参数名称及折算系数见表 0-3。

表 0-3　常见机床的主参数名称及折算系数

机床名称	主参数名称	主参数折算系数
卧式车床	床身上最大回转直径	1/10
摇臂钻床	最大钻孔直径	1/1
卧式镗床	主轴直径	1/10
外圆磨床	最大磨削直径	1/10
内圆磨床	最大磨削孔径	1/10
立式及卧式升降台铣床	工作台台面宽度	1/10
龙门铣床	工作台台面宽度	1/100
齿轮加工机床	最大工件直径	1/10

当某些通用机床无法用一个主参数表示时,则在型号中用设计顺序号表示。设计顺序号由 1 开始,当设计顺序号小于 10 时,由 01 开始编号。

(5) 机床主轴数和第二主参数的表示方法

1) 机床主轴数的表示方法:对于多轴车床、多轴钻床和排式钻床等机床,其主轴数应以实际数值列入型号,置于主参数之后,用 "×" 分开,读作 "乘"。单轴可省略,不予表示。

2) 第二主参数的表示方法:第二主参数(多轴机床的主轴数除外)一般不予表示,如有特殊情况,需在型号中表示,应按一定手续审批。

在型号中表示的第二主参数,一般以折算成两位数为宜,最多不超过 3 位数。

以长度、深度值等表示的第二主参数,其折算系数为 1/100。

以直径和宽度值等表示的第二主参数,其折算系数为 1/10。

以厚度和最大模数值等表示的第二主参数,其折算系数为 1。

当折算值大于 1 时,则取整数;当折算值小于 1 时,取小数点后第一位数,并在前面加 "0"。

(6) 机床的重大改进顺序号 当机床的结构和性能有更高的要求,并需按新产品重新设计、试制和鉴定时,才按改进的先后顺序选用 A、B、C 等字母表示("I、O" 两个字母不得选用),并加在型号基本部分的尾部,以区分原机床型号。

重大改进设计不同于完全的新设计,它是在原有机床的基础上进行改进设计。对原机床的结构、性能没有作重大的改变,则不属于重大改进,其型号不变。

(7) 其他特性代号及其表示方法

1) 其他特性代号主要用于反映各类机床的特性,如:

对于数控机床,可用于反映不同的控制系统等。

对于加工中心,可用于反映控制系统、自动交换主轴头和自动交换工作台等。

对于柔性加工单元，可用于反映自动交换主轴箱。

对于一机多能机床，可用于补充表示某些功能。

对于一般机床，可以反映同一型号机床的变型等。

2）其他特性代号的设置：其他特性代号置于辅助部分之首。其中同一型号机床的变型代号，也应放在其他特性代号的首位。

3）其他特性代号的表示：可用字母表示（"I、O"两个字母除外），当单个字母不够用时，可将两个字母组合起来使用，如 AB、AC 或 BA、CA 等，此外，其他特性代号还可用阿拉伯数字表示，也可用阿拉伯数字和字母组合表示。用汉语拼音字母读音，如有需要也可用相对应的汉字字意读音。

（8）企业代号的表示方法　企业代号包括机床生产厂及机床研究单位代号。企业代号置于辅助部分的尾部，用 "－" 分开，读作 "至"。若在辅助部分中仅有企业代号，则不加 "－"。

（9）通用机床型号示例

例 1　北京机床研究所生产的精密卧式加工中心，其型号为 THM6350/JCS。

例 2　可加工最大棒料直径为 50mm 的六轴棒料自动车床，其型号为 C2150×6。

例 3　宁江机床厂数控精密单轴纵切自动车床，其型号为 CKMl116/NG。

例 4　某机床厂生产的配置 MTC－2M 型数控系统的数控铣床，其型号为 XK714/C。

例 5　大河机床厂生产的经过第一次重大改进，最大钻孔直径为 25mm 的四轴立式排钻床，其型号为 Z5625×4A/DH。

例 6　中捷友谊厂生产的最大钻孔直径为 40mm、最大跨距为 1600mm 的摇臂钻床，其型号为 Z3040×16/S2。

例 7　工作台面宽度为 630mm 的单柱坐标镗床，经第一次改进后的型号为 T4163A。

例 8　某机床厂生产的最大磨削直径为 320mm 的半自动万能外圆磨床，其型号为 MBE1432。

例 9　最大回转直径为 400mm 的半自动曲轴磨床，其型号为 MB8240。根据加工的需要，在此型号机床的基础上变换的第一种形式的半自动曲轴磨床，其型号为 MB8240/1，变换的第二种形式则为 MB8240/2，依次类推。

例 10　型号为 Z5140 的机床。表示：方柱立式钻床，最大钻孔直径为 ϕ40mm。

例 11　型号为 XK5032 的机床。表示：数控立式升降台铣床，工作台面宽度 320mm。

例 12　型号为 CK7525A 的机床。表示：多刀数控车床，最大车削直径为 ϕ250mm，第一次重大改进。

3. 专用机床型号

（1）专用机床型号表示方法　专用机床的型号一般由设计单位代号和设计顺序号组成，型号构成如下：

$$◎ － △$$

注：◎——设计单位代号，见 GB/T 15375—2008《金属切削机床　型号编制方法》；

△——设计顺序号（阿拉伯数字）。

（2）专用机床的设计单位代号　设计单位代号包括机床生产厂和机床研究单位代号（位于型号之首）。

（3）专用机床的设计顺序号　专用机床的设计顺序号按该单位的设计顺序号排列，由001起始，位于设计单位代号之后，并用"－"隔开，读作"至"。

例如沈阳第一机床厂设计制造的第1种专用机床为专用车床，其型号为SI-001。

北京第一机床厂设计制造的第100种专用机床为专用铣床，其型号为BI-100。

4. 机床自动线型号

（1）机床自动线代号　由通用机床或专用机床组成的机床自动线，其代号为"ZX"（读作"自线"），位于设计单位代号之后，并用"－"分开，读作"至"。机床自动线设计顺序号的排列与专用机床的设计顺序号相同，位于机床自动线代号之后。

（2）机床自动线的型号表示方法

$$◎ － ○ \quad △$$

注：◎——设计单位代号，见 GB/T 15375—2008《金属切削机床　型号编制方法》；

　　○——机床自动线代号（大写的汉语拼音字母 ZX）；

　　△——设计顺序号（阿拉伯数字）。

（3）机床自动线型号示例　例如北京机床研究所设计的第一条机床自动线，其型号为JCS-ZX001。

四、金属切削机床的主要技术参数

金属切削机床除了主参数和第二主参数外，还有一些反映机床性能的技术参数，这些技术参数主要包括尺寸参数、运动参数及动力参数等。

尺寸参数：反映了机床能加工零件的尺寸范围以及与附具的联系尺寸。例如：卧式车床的顶尖距、主轴内孔锥度；摇臂钻床的摇臂升降距离、主轴行程等。

运动参数：反映了机床执行件的运动速度。例如：主轴的转速范围、刀架或工作台的进给量范围等。

动力参数：多指电动机功率、某些机床的主轴最大允许转矩。

了解机床的主要技术参数，对于正确使用和合理选用机床具有重大意义。例如：根据工艺要求，确定切削用量后，就应按照机床所能提供的功率及运动参数，选择合适的机型。又例如：在设计夹具时，应充分考虑机床的尺寸参数，以免夹具不能正确安装或发生运动干涉。

机床的各种主要技术参数，可从机床说明书中查出。

第一章 车 床

第一节 CA6140 型卧式车床

一、车床的用途和种类

车床主要用于加工各种回转体的表面（内外圆柱面、圆锥面、成形回转面、端面）。在机械加工设备中，车床占有很大比重，约占加工设备总数量的 1/4，因而应用最为普遍。

通常，车床的主运动由工件随主轴旋转来实现，而进给运动是由刀架的纵向、横向移动来完成的。

车床的种类很多，按其结构和用途不同，主要分为卧式车床、立式车床、落地车床、回轮车床、转塔车床、仿形及多刀车床、单轴多轴自动或半自动车床等。此外，还有各种专门化车床，如曲轴车床、凸轮轴车床、铲齿车床等。在大批量生产中还使用着各种专用车床。

因此，车床的工艺范围和使用范围十分广泛，尤其是卧式车床的使用最为普遍，本章将以 CA6140 车床为例，以传动系统、机械结构为主进行具体分析。

二、CA6140 型车床总体布局

CA6140 车床总体布局及外形如图 1-1 所示，主要组成部件有床身、主轴箱、进给箱、溜板箱、刀架、尾座等。

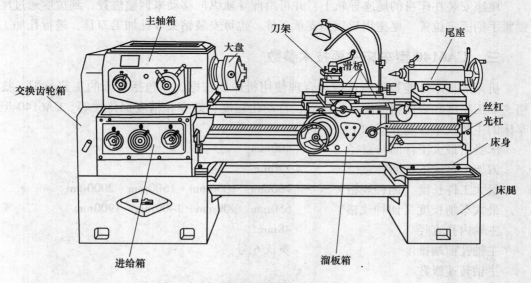

图 1-1　CA6140 型卧式车床外形图

1. 床身

床身是带有两组导轨的基础件，固定在左、右床腿上，用于连接和安装机床各部件、承受切削力并使机床各部件在工作时保持准确的相对位置。

床身导轨采用刀架导轨和尾座导轨分开的布局形式（外面一组是刀架溜板纵向移动导轨，里面一组是尾座移动导轨），增加了导轨的加工量，但是减轻了导轨的磨损，以便于长期保持尾座套筒与主轴的同轴度。另一方面，尾座导轨位于刀架导轨的内侧，可把刀架纵向溜板做成工字形，这就加大了刀架纵向溜板与床身导轨的接触面积，同时也可将尾座移至工字形溜板之间，以缩短尾座套筒的悬伸量，从而提高其刚性。

2. 主轴箱

主轴箱固定在床身的左上端，内装有主轴及换向、变速机构，其用途是支承主轴，并使主轴带动工件按照选定的转速旋转，以实现主运动。

3. 进给箱

进给箱固定在床身的左前侧，内装有进给变速机构，通过不同齿轮啮合以改变机动进给的进给量和加工螺纹的导程，实现不同的进给速度。

4. 溜板箱

溜板箱固定在床鞍的底部，把光杠或丝杠传来的运动和动力传递至刀架，实现刀架纵向或横向进给、快速移动或车螺纹运动。在溜板箱上安装有各种操纵手柄及按钮，控制刀架纵向、横向进给，快速移动或车螺纹运动。

进给箱和溜板箱之间的运动联系，由丝杠和光杠来实现，丝杠用于车削螺纹，光杠用于一般切削，这样可以减轻丝杠的磨损，以保证车削螺纹的导程精度。

5. 刀架

刀架部件由两层滑板、床鞍与刀架体组成，用以装夹车刀并带动车刀作纵向、横向或斜向运动。

6. 尾座

尾座安装在床身的尾座导轨上，并可沿此导轨纵向移动来调整位置，到位后通过尾座上锁紧手柄固定位置。尾座用后顶尖支承工件，也可安装钻头等孔加工刀具，进行孔加工。

三、CA6140 型车床主要技术参数

机床的技术性能是正确选择和合理使用机床的依据，它包括机床的工艺范围、技术规格、加工精度和表面粗糙度、生产率、自动化程度、效率和精度保持性等。CA6140 型卧式车床的主要技术性能介绍如下：

床身上最大工件回转直径	400mm
刀架上最大工件回转直径	210mm
最大工件长度（四种规格）	750mm　1000mm　1500mm　2000mm
最大车削长度（四种规格）	650mm　900mm　1400mm　1900mm
主轴内孔直径	48mm
主轴孔前端锥度	莫氏 6 号
主轴转速级数	
正转 24 级	10～1400r/min

反转 12 级   12 ~ 1580r/min
进给量
    纵向 64 级   0.028 ~ 6.33mm/r
    横向 64 级   0.014 ~ 3.16mm/r
溜板快速移动速度   4m/min
车削螺纹范围
    普通螺纹 44 种   1 ~ 192mm
    寸制螺纹 20 种   2 ~ 24 牙/in
    模数螺纹 39 种   0.25 ~ 48mm
    径节螺纹 37 种   1 ~ 96 牙/in
主电动机   7.5kW 1450r/min
机床轮廓尺寸（长×宽×高）   对于最大工件长度为 1000mm 的机床
                                        2668mm × 1000mm × 1190mm
应达到的精度和表面粗糙度
精车外圆的圆度   0.01mm
精车外圆的圆柱度   0.01/100mm
精车端面的平面度   0.02/300mm
精车螺纹的螺距精度   0.04/100mm   0.06/300mm
表面粗糙度 $Ra1.25 ~ 2.5\mu m$

四、CA6140 型车床主要用途

CA6140 型车床属于通用卧式中型车床，主要用于加工各种轴类、套筒类和盘类零件的回转表面，如车削内外圆柱面、圆锥面、环槽及成形面，车削端面及各种常用的米制、模数制、寸制和径节制螺纹；采用不同刀具还可做钻孔、扩孔、铰孔、攻螺纹、套螺纹及滚花等工作，如图 1-2 所示。CA6140 型车床加工工艺范围宽，但自动化程度较低，加工中辅助时间较长，所以适用于单件、小批量加工及修理车间使用。

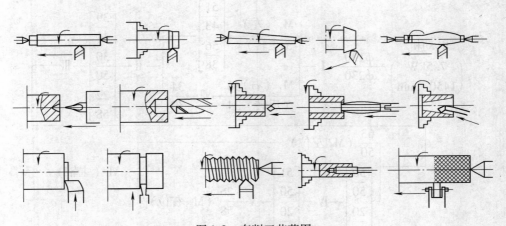

图 1-2　车削工艺范围

机床的加工功能是通过机床的运动来实现的,机床的运动是通过传动系统的传动来实现的。机床的传动系统是我们深入了解和掌握机床的重要环节,通常采用传动系统图来学习。所谓机床传动系统图是指用规定的简单符号表示传动系统中的各传动元件,并按照运动传递顺序,以展开图的形式绘在一个能反映机床外形及主要部件相互位置的投影面上,用以了解及分析机床运动源与执行件或执行件与执行件之间的传动联系及传动结构的一种示意图。该图只表示传动关系,不表示各传动元件的实际尺寸和空间位置。

五、CA6140 型车床传动系统

CA6140 型车床传动系统图是表示车床全部运动关系的示意图,如图 1-3 所示。CA6140型卧式车床的传动系统由主运动传动链、车螺纹运动传动链、纵向进给运动传动链、横向进给运动传动链和刀架的快速空行程传动链组成。

1. 主运动传动链

主运动是机床速度最高、消耗功率最大的运动。车床主运动传动链的两个末端件是主电动机和主轴,它的功用是把动力源(电动机)的运动及动力传给主轴,使主轴带动工件旋转,实现主运动,并满足车床主轴变速和换向的要求。

(1)传动路线　运动由主电动机(7.5kW,1450r/min)经多股 V 带传至主轴箱中的轴 I,轴 I 上装有一个双向多片式摩擦离合器 M_1(用以控制主轴的起动、停止和换向:离合器 M_1 向左接合时,主轴正转;离合器 M_1 向右接合时,主轴反转;左、右都不接合时,主轴停转),轴 I 上的运动经离合器 M_1 和轴 I—III 间的变速齿轮传至轴 III,然后分两路传给主轴:

1)高速传动路线:当主轴 VI 上的离合器 M_2 即滑移齿轮 Z50 处于左边位置(图 1-3所示位置)时,运动经齿轮副 63/50 直接传给主轴,使主轴得到 6 级高转速($n = 450 \sim 1400 \text{r/min}$)。

2)中、低速传动路线:当主轴 VI 上的离合器 M_2 即滑移齿轮 Z50 处于右边位置时,齿轮 Z50 和齿轮 Z58 接合,则运动经轴 III—IV—V 间的背轮机构和齿轮副 26/58 传给主轴,使主轴获得中、低转速($n = 10 \sim 500 \text{r/min}$)。

主运动传动链的传动路线表达式如下:

$$
\text{电动机} \begin{pmatrix} 7.5\text{kW} \\ 1450\text{r/min} \end{pmatrix} \frac{\phi130}{\phi230} \text{I} - \begin{bmatrix} M_1(左) \\ (正转) \\ M_1(右)50 \\ (反转)34 \end{bmatrix} \begin{bmatrix} \frac{51}{43} \\ \frac{56}{38} \\ \text{VII}\frac{34}{30} \end{bmatrix} - \text{II} - \begin{bmatrix} \frac{39}{41} \\ \frac{30}{50} \\ \frac{22}{58} \end{bmatrix} - \text{III}
$$

$$
\begin{bmatrix} \frac{63}{50}(M_2 左位) \\ \begin{bmatrix} \frac{50}{50} \\ \frac{20}{80} \end{bmatrix} - \text{IV} - \begin{bmatrix} \frac{51}{50} \\ \frac{20}{80} \end{bmatrix} - \text{V} \frac{26}{58}(M_2 右位) \end{bmatrix} - \text{VI}(主轴)
$$

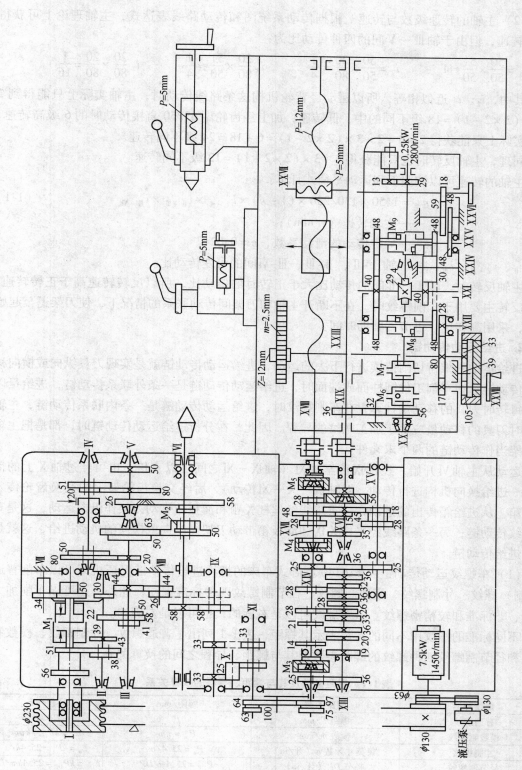

图 1-3 CA6140 型臥式车床传动系统图

（2）主轴的转速级数与转速　根据传动系统图和传动路线表达式，主轴理论上可获得30级转速，但由于轴Ⅲ—Ⅴ间的四种传动比为：

$$i_1 = \frac{50}{50} \times \frac{51}{50} \approx 1 \qquad i_2 = \frac{50}{50} \times \frac{20}{80} = \frac{1}{4} \qquad i_3 = \frac{20}{80} \times \frac{51}{50} \approx \frac{1}{4} \qquad i_4 = \frac{20}{80} \times \frac{20}{80} = \frac{1}{16}$$

其中，i_2、i_3 近似相等，所以运动经背轮机构这条路线传动时，主轴实际上只能得到 $2 \times 3 \times (2 \times 2 - 1) = 18$ 级不同的中、低转速，加上经齿轮副 63/50 直接传动时的 6 级高转速，主轴实际上只能获得 $2 \times 3 + 2 \times 3 \times (2 \times 2 - 1) = 6 + 18 = 24$ 级不同转速。

同理，主轴反转时也只能获得 $3 + 3 \times (2 \times 2 - 1) = 12$ 级不同转速。

主轴的转速可以按照下列运动平衡式计算：

$$n_主 = 1450 \times 130/230 \times (1 - \varepsilon) \times i_{Ⅰ-Ⅱ} \times i_{Ⅱ-Ⅲ} \times i_{Ⅲ-Ⅵ} \tag{1-1}$$

式中　　　　$n_主$——主轴转速（r/min）；

　　　　　　ε——V 带传动的滑动系数，$\varepsilon = 0.02$；

$i_{Ⅰ-Ⅱ}$、$i_{Ⅱ-Ⅲ}$、$i_{Ⅲ-Ⅵ}$——轴Ⅰ-Ⅱ、Ⅱ-Ⅲ、Ⅲ-Ⅵ间的可变传动比。

主轴反转时，轴Ⅰ—Ⅱ间的传动比大于正转时的传动比，所以反转转速高于正转转速。主轴反转主要用于车削螺纹时，在不断开主轴和刀架间传动联系的情况下，使刀架退至起始位置，采用高转速，可节省辅助时间。

2. 进给运动传动链

进给运动是维持切削持续进行下去的运动，进给运动传动链就是实现刀具纵向或横向移动的传动链。在车削工件圆柱面或端面时，进给运动传动链是一条外联系传动链，进给量以工件每转时刀具的移动量计算；在车削螺纹时，进给运动传动链是一条内联系传动链，主轴每转时刀具的移动量应等于加工螺纹的导程。因此，在分析进给运动传动链时，都是把主轴和刀架当作传动链的两个末端件。

运动从主轴Ⅵ开始，经轴Ⅸ传至轴Ⅺ（轴Ⅸ—Ⅺ之间可以直传；也可经过轴Ⅹ上的惰轮——进给换向机构进行传动，即轴Ⅸ—Ⅹ—Ⅺ传动），后经交换齿轮架上的交换齿轮传入进给箱。从进给箱传出的运动，一条路线经丝杠ⅩⅧ和溜板箱带动刀架作纵向运动，这是车削螺纹传动链；另一条路线经光杠ⅩⅨ和溜板箱带动刀架做纵向或横向的机动进给，这就是普通进给传动链。

（1）车螺纹运动传动链　CA6140 型卧式车床的螺纹进给传动链保证机床可以车削普通（米制）螺纹、寸制螺纹、模数制螺纹、径节制螺纹四种标准螺纹；此外，还可以车削加大导程、非标准和较精密螺纹。这些螺纹可以是右旋的，也可以是左旋的。

不同标准的螺纹用不同的参数表示其螺距，表 1-1 列出了普通螺纹、寸制螺纹、模数制螺纹和径节制螺纹四种螺纹的螺距参数及其与螺距、导程之间的换算关系。

表 1-1　螺距参数及其与螺距、导程的换算关系

螺纹种类	螺距参数	螺距/mm	导程/mm
普通螺纹	螺距 P/mm	P	$L = kP$
模数制螺纹	模数 m/mm	$P_m = \pi m$	$L_m = kP_m = k\pi m$
寸制螺纹	每英寸牙数 a（牙/in）	$P_a = 25.4/a$	$L_a = kP_a = 25.4k/a$
径节制螺纹	径节 DP（牙/in）	$P_{DP} = 25.4\pi/DP$	$L_{DP} = kP_{DP} = 25.4k\pi/DP$

注：k 为螺纹线数；a 为每英寸牙数（牙/in）；DP 为径节（牙/in）。

车螺纹时，必须保证主轴每转 1 转，刀具准确地移动被加工螺纹 1 个导程的距离，由此可列出螺纹进给传动链的运动平衡式：

$$1_{(主轴)} \times i \times L_{丝} = L_{工} \qquad (1\text{-}2)$$

式中 $1_{(主轴)}$——表示主轴旋转 1 转；

i——表示主轴至丝杠之间全部传动副的传动比；

$L_{丝}$——表示 CA6140 型车床丝杠的导程（$L_{丝} = 12\text{mm}$）；

$L_{工}$——表示被加工螺纹的导程（mm）。

1）车普通螺纹。普通螺纹（米制螺纹）是我国常用的螺纹，其标准螺距值在国家标准中有规定。普通螺纹标准螺距值的特点是按分段等差数列的规律排列，见表 1-2（螺纹线数 $K = 1$）。

表 1-2 CA6140 型车床车削普通螺纹导程表

$i_{倍}$ ＼ $i_{基}$ ＼ L/mm	$\frac{26}{28}$	$\frac{28}{28}$	$\frac{32}{28}$	$\frac{36}{28}$	$\frac{19}{14}$	$\frac{20}{14}$	$\frac{33}{21}$	$\frac{36}{21}$
$\frac{18}{45} \times \frac{15}{48} = \frac{1}{8}$	—	—	1	—	—	1.25	—	1.5
$\frac{28}{35} \times \frac{15}{48} = \frac{1}{4}$	—	1.75	2	2.25	—	2.5	—	3
$\frac{18}{45} \times \frac{35}{28} = \frac{1}{2}$	—	3.5	4	4.5	—	5	5.5	6
$\frac{28}{35} \times \frac{35}{28} = 1$	—	7	8	9	—	10	11	12

为此要求螺纹进给传动链的变速机构能够按照分段等差数列的规律变换其传动比，这一要求是通过适当调整进给箱中的变速机构来实现的。

车削普通螺纹时，进给箱中的离合器 M_3、M_4 脱开，M_5 接合。此时，运动由主轴 Ⅵ 经齿轮副 58/58、轴 Ⅸ 至轴 Ⅺ 间的左右螺纹换向机构、交换齿轮 63/100 × 100/75，传至进给箱的轴 Ⅻ，然后经齿轮副 25/36、轴 XⅢ – XⅣ 间的滑移齿轮变速机构（基本螺距机构）、齿轮副 25/36 × 36/25 传至轴 XV，接下去再经轴 XV – XⅦ 间的两组滑移齿轮变速机构（增倍机构）和离合器 M_5 接合（轴 XⅦ 上右端单联齿轮 Z28 右移）传动丝杠 XⅧ 旋转。合上溜板箱中的开合螺母，使其与丝杠啮合，便带动刀架作纵向移动。车普通螺纹时传动路线表达式如下：

$$主轴 Ⅵ \frac{58}{58} - Ⅸ - \begin{bmatrix} \frac{33}{33}（右旋） \\ \frac{33}{25} - X - \frac{25}{35} \\ （左旋） \end{bmatrix} - Ⅺ \frac{63}{100} \times \frac{100}{75} - Ⅻ \frac{25}{36} - XⅢ -$$

$$- i_{基} - XⅣ \frac{25}{36} \times \frac{36}{25} - XV - i_{倍} - XⅦ - M_5 - XⅧ（丝杠）- 刀架$$

$i_{基}$ 为轴 XⅢ – XⅣ 间变速机构的可变传动比，共 8 种：

$$i_{基1} = \frac{26}{28} = \frac{6.5}{7} \qquad i_{基2} = \frac{28}{28} = \frac{7}{7} \qquad i_{基3} = \frac{32}{28} = \frac{8}{7} \qquad i_{基4} = \frac{36}{28} = \frac{9}{7}$$

$$i_{基5} = \frac{19}{14} = \frac{9.5}{7} \qquad i_{基6} = \frac{20}{14} = \frac{10}{7} \qquad i_{基7} = \frac{33}{21} = \frac{11}{7} \qquad i_{基8} = \frac{36}{21} = \frac{12}{7}$$

它们近似按等差数列的规律排列。上述变速机构是获得各种螺纹导程的基本机构，故通常称其为基本螺距机构，简称基本组。

$i_{倍}$ 为轴 XV – XVII 间变速机构的可变传动比，共 4 种：

$$i_{倍1} = \frac{28}{35} \times \frac{35}{28} = 1 \qquad i_{倍2} = \frac{18}{45} \times \frac{35}{28} = \frac{1}{2} \qquad i_{倍3} = \frac{28}{35} \times \frac{15}{48} = \frac{1}{4} \qquad i_{倍4} = \frac{18}{45} \times \frac{15}{48} = \frac{1}{8}$$

它们按倍数关系排列。这个变速机构用于扩大机床车削螺纹导程的种数，一般称其为增倍机构或增倍组。

根据传动系统图或传动路线表达式，可列出车普通螺纹时的运动平衡式：

$$L = kP = 1_{（主轴）} \times \frac{58}{58} \times \frac{33}{33} \times \frac{63}{100} \times \frac{100}{75} \times \frac{25}{36} \times i_{基} \times \frac{25}{36} \times \frac{36}{25} \times i_{倍} \times 12$$

式中　L——工件加工螺纹导程（mm）；

　　　$i_{基}$——轴 XIII – XIV 间基本螺距机构的可变传动比；

　　　$i_{倍}$——轴 XV – XVII 间增倍机构的可变传动比。

将上式化简后得：

$$L = kP = 7i_{基}\, i_{倍} \tag{1-3}$$

把 $i_{基}$ 和 $i_{倍}$ 的数值代入上式，可得到 $8 \times 4 = 32$ 种导程值，其中符合标准的只有 20 种（见表 1-2）。

由表 1-2 可以看出，通过变换基本组的传动比，可以得到某一行大体上按等差数列规律排列的导程值；通过变换增倍组的传动比，可把由基本螺距机构得到的导程值按 1:2:4:8 的关系增大或缩小。两种变速机构传动比不同组合的结果，便得到了所需的导程数列。

2）车模数制螺纹。模数制螺纹主要用于米制蜗杆中。螺距参数为模数 m，国家标准规定的标准 m 值也是分段等差数列，因此，标准模数螺纹的螺距（$P_m = \pi m$）或导程（$L_m = kP_m = k\pi m$）排列规律和普通螺纹相同。但是，两者导程（螺距）的数值不一样，模数螺纹的导程（螺距）值中含有特殊因子 π。所以，车模数螺纹时的传动路线与车普通螺纹基本相同，而为了得到模数螺纹的导程值，必须将交换齿轮换成 $(64/100) \times (100/97)$，使螺纹进给传动链的传动比做相应变化。此时，运动平衡式为：

$$L_m = k\pi m = 1_{（主轴）} \times \frac{58}{58} \times \frac{33}{33} \times \frac{64}{100} \times \frac{100}{97} \times \frac{25}{36} \times i_{基} \times \frac{25}{36} \times \frac{36}{25} \times i_{倍} \times 12$$

上式中，
$$\frac{64}{100} \times \frac{100}{97} \times \frac{25}{36} \approx \frac{7}{48}\pi$$

所以，化简后得：

$$L_m = k\pi m = \frac{7\pi}{4} i_{基}\, i_{倍} \tag{1-4}$$

$$m = \frac{7}{4k} i_{基}\, i_{倍} \tag{1-5}$$

变换 $i_{基}$ 和 $i_{倍}$，便可车削各种不同模数的螺纹。

表 1-3 列出了 $k = 1$ 时，模数 m 与 $i_{基}$ 和 $i_{倍}$ 的关系。

表 1-3 CA6140 型车床车削模数螺纹模数表

$i_{倍}$ \ m/mm \ $i_{基}$	$\dfrac{26}{28}$	$\dfrac{28}{28}$	$\dfrac{32}{28}$	$\dfrac{36}{28}$	$\dfrac{19}{14}$	$\dfrac{20}{14}$	$\dfrac{33}{21}$	$\dfrac{36}{21}$
$\dfrac{18}{45} \times \dfrac{15}{48} = \dfrac{1}{8}$	—	—	0.25	—	—	—	—	—
$\dfrac{28}{35} \times \dfrac{15}{48} = \dfrac{1}{4}$	—	—	0.5	—	—	—	—	—
$\dfrac{18}{45} \times \dfrac{35}{28} = \dfrac{1}{2}$	—	—	1	—	—	1.25	—	1.5
$\dfrac{28}{35} \times \dfrac{35}{28} = 1$	—	1.75	2	2.25	—	2.5	2.75	3

3) 车寸制螺纹。寸制螺纹在采用英寸制的国家（英国、美国等）应用较为广泛。我国的部分管螺纹目前也采用寸制螺纹。

寸制螺纹的螺距参数为每英寸长度上螺纹牙（扣）数 a。标准的 a 值也是按分段等差数列的规律排列的，所以寸制螺纹的螺距值（$P_a = 25.4/a$）和导程值（$L_a = kP_a = 25.4k/a$）是分段调和数列（分母是分段等差数列）。

另外，将以英寸为单位的螺距值和导程值换算成以毫米为单位的螺距和导程值时，数值中含有特殊因子 25.4。由此可见，为了车削出各种螺距（或导程）的寸制螺纹，螺纹进给传动链必须做如下变动：

① 将基本组的主动、从动传动关系，调制成与车普通螺纹时相反，即轴 XIV 为主动轴，轴 XIII 为从动轴。这样，基本组的传动比数列变成了调和数列，与寸制螺纹螺距（或导程）数列的排列规律一样。

② 改变传动链中部分传动副的传动比，使螺纹进给传动链总传动比满足寸制螺纹螺距（或导程）数值上的要求。

车削寸制螺纹时传动链的具体调整情况为：交换齿轮用（63/100）×（100/75），进给箱中离合器 M_5 和 M_3 接合（轴 XII 上单联齿轮 $Z25$ 右移），M_4 脱开，同时轴 XV 左端的滑移齿轮 $Z25$ 左移，与固定在轴 XIII 上的齿轮 $Z36$ 啮合。于是运动便由轴 XII 经离合器 M_3 传至轴 XIV，然后经基本组下传至轴 XIII，再经齿轮副 36/25 传到轴 XV，从而使基本组的运动传动方向恰好与车普通螺纹时相反，其传动比为：

$$i'_{基} = \frac{28}{26} \text{、} \frac{28}{28} \text{、} \frac{28}{32} \text{、} \frac{28}{36} \text{、} \frac{14}{19} \text{、} \frac{14}{20} \text{、} \frac{21}{33} \text{、} \frac{21}{36} \text{，即 } i'_{基} = \frac{1}{i_{基}}$$

同时轴 XII 至轴 XV 之间定比传动机构的传动比也由（25/36）×（25/36）×（36/25）改变为 36/25，其余部分传动路线与车普通螺纹时相同，此时传动路线表达式如下：

$$主轴 \text{VI} - \frac{58}{58} - \text{IX} - \begin{bmatrix} \dfrac{33}{33}（右旋） \\[2mm] \dfrac{33}{25} - \text{X} - \dfrac{25}{33} \\ （左旋） \end{bmatrix} - \text{XI} - \frac{63}{100} \times \frac{100}{75} - \text{XII} - M_3 - \text{XIV} - i'_{基}$$

$$- \text{XIII} - \frac{36}{25} - \text{XV} - i_{倍} - \text{XVII} - M_5 - \text{XVIII}（丝杠）- 刀架$$

传动链的运动平衡式为：$La = \dfrac{25.4k}{a} = 1_{(主轴)} \times \dfrac{58}{58} \times \dfrac{33}{33} \times \dfrac{63}{100} \times \dfrac{100}{75} \times i_{基} \times \dfrac{36}{25} \times i'_{倍} \times 12$

上式中，$\dfrac{63}{100} \times \dfrac{100}{75} \times \dfrac{36}{25} \approx \dfrac{25.4}{21}$，$i'_{基} = \dfrac{1}{i_{基}}$

代入化简得

$$La = \frac{25.4k}{a} = \frac{4}{7} \times 25.4 \times \frac{i_{倍}}{i_{基}} \tag{1-6}$$

$$a = \frac{7k}{4} \times \frac{i_{基}}{i_{倍}} \tag{1-7}$$

当 $k = 1$ 时，a 与 $i_{基}$ 和 $i_{倍}$ 的关系见表 1-4。

表 1-4　CA6140 型车床车削寸制螺纹牙（扣）数表

$i_{倍}$ ＼ a（牙/in）＼ $i_{基}$	$\dfrac{26}{28}$	$\dfrac{28}{28}$	$\dfrac{32}{28}$	$\dfrac{36}{28}$	$\dfrac{19}{14}$	$\dfrac{20}{14}$	$\dfrac{33}{21}$	$\dfrac{36}{21}$
$\dfrac{18}{45} \times \dfrac{15}{48} = \dfrac{1}{8}$	—	14	16	18	19	20	—	24
$\dfrac{28}{35} \times \dfrac{15}{48} = \dfrac{1}{4}$	—	7	8	9	—	10	11	12
$\dfrac{18}{45} \times \dfrac{35}{28} = \dfrac{1}{2}$	3.25	3.5	4	4.5	—	5	—	6
$\dfrac{28}{35} \times \dfrac{35}{28} = 1$	—	—	2	—	—	—	—	3

4）车径节螺纹。径节螺纹主要用于寸制蜗杆，其螺距参数以径节 DP（直径为 1in 的分度圆圆周上均布的牙数）表示，标准径节的数列也是分段等差数列，因而其螺距值（$P_{DP} = 25.4\pi/DP$）和导程值（$L_{DP} = kP_{DP} = 25.4k\pi/DP$）的数列则是分段调和数列。螺距和导程值中有特殊因子 25.4，这和寸制螺纹类似，故可采用寸制螺纹的传动路线；螺距和导程值还有一个特殊因子 π，这又和模数螺纹相同，所以需要将交换齿轮换成 $(64/100) \times (100/97)$。

此时径节螺纹车加工运动平衡式为：

$$L_{DP} = \frac{25.4k\pi}{DP} = 1_{(主轴)} \times \frac{58}{58} \times \frac{33}{33} \times \frac{64}{100} \times \frac{100}{97} \times i'_{基} \times \frac{36}{25} \times i_{倍} \times 12$$

上式中，$\dfrac{64}{100} \times \dfrac{100}{97} \times \dfrac{36}{25} \approx \dfrac{25.4\pi}{84}$，$i'_{基} = \dfrac{1}{i_{基}}$

代入化简得：

$$L_{DP} = \frac{25.4k\pi}{DP} = \frac{25.4\pi}{7} \times \frac{i_{倍}}{i_{基}} \tag{1-8}$$

$$DP = 7k \times \frac{i_{基}}{i_{倍}} \tag{1-9}$$

当 $k = 1$ 时，DP 值与 $i_{基}$ 和 $i_{倍}$ 的关系见表 1-5。

表1-5 CA6140型车床车削径节螺纹径节表

$i_{倍}$ \ DP（牙/in） $i_{基}$	$\dfrac{26}{28}$	$\dfrac{28}{28}$	$\dfrac{32}{28}$	$\dfrac{36}{28}$	$\dfrac{19}{14}$	$\dfrac{20}{14}$	$\dfrac{33}{21}$	$\dfrac{36}{21}$
$\dfrac{18}{45} \times \dfrac{15}{48} = \dfrac{1}{8}$	—	56	64	72	—	80	88	96
$\dfrac{28}{35} \times \dfrac{15}{48} = \dfrac{1}{4}$	—	28	32	36	—	40	44	48
$\dfrac{18}{45} \times \dfrac{35}{28} = \dfrac{1}{2}$	—	14	16	18	—	20	22	24
$\dfrac{28}{35} \times \dfrac{35}{28} = 1$	—	7	8	9	—	10	11	12

5）车大导程螺纹。对螺纹进给传动链进行适当调整，可以车削普通、寸制、模数、径节制4种常用标准螺纹。当需要车削导程值超过常用螺纹范围时（例如：大导程多线螺纹、油槽等），可以将轴Ⅸ右端滑移齿轮 $Z58$ 向右移动，使之与轴Ⅷ上的齿轮 $Z26$ 啮合。于是主轴和丝杠之间通过下列传动路线实现传动联系：

$$主轴Ⅵ—\frac{58}{26}—Ⅴ—\frac{80}{20}—Ⅳ—\begin{bmatrix}\dfrac{50}{50}\\[4pt]\dfrac{80}{20}\end{bmatrix}—Ⅲ—\frac{44}{44}—Ⅷ—\frac{26}{58}—Ⅸ—\substack{常用螺纹\\传动路线}—Ⅻ（丝杠）—刀架$$

此时，主轴Ⅵ至轴Ⅸ间的传动比为：

$$i_{扩1} = \frac{58}{26} \times \frac{80}{20} \times \frac{50}{50} \times \frac{44}{44} \times \frac{26}{58} = 4$$

$$i_{扩2} = \frac{58}{26} \times \frac{80}{20} \times \frac{80}{20} \times \frac{44}{44} \times \frac{26}{58} = 16$$

而车削常用螺纹时，主轴Ⅵ至轴Ⅸ间的传动比为：

$$i_{常} = \frac{58}{58} = 1$$

这表明，当螺纹进给传动链作上述调整，可使主轴与丝杠间的传动比扩大4倍或者16倍，从而车出的螺纹导程也相应地扩大4倍或者16倍。因此，一般把上述传动机构称之为扩大螺距机构。通过扩大螺距机构，再配合进给箱中的基本螺距机构和增倍机构，机床可以车削导程 $14 \sim 192 mm$ 的普通螺纹24种，模数为 $3.25 \sim 48 mm$ 的模数制螺纹28种，径节为 $1 \sim 6$ 牙/in的径节制螺纹13种，见表1-6。

表1-6 CA6140型车床车削正常导程、大导程螺纹种类表

螺纹种类 \ 范围 \ 变速机构 \ 导程类型	正常导程 $i_{基}$ $i_{倍}$	大导程 $i_{基}$ $i_{倍}$ $i_{扩}$
普通螺纹	20种（ $1 \sim 12 mm$ ）	24种（ $14 \sim 192 mm$ ）
寸制螺纹	20种（ $a = 2 \sim 24$ 牙/in）	
模数制螺纹	11种（ $m = 0.25 \sim 3 mm$ ）	28种（ $m = 3.25 \sim 48 mm$ ）
径节制螺纹	24种（ $DP = 7 \sim 96$ 牙/in）	13种（ $DP = 1 \sim 6$ 牙/in）

必须指出，由于扩大螺距机构的传动比是由主运动传动链中背轮机构的齿轮啮合位置确定的，而背轮机构一定的齿轮啮合位置又对应着一定的主轴转速，因此主轴转速一定时、螺

纹导程可能扩大的倍数是确定的。具体地说，主轴转速为 10 ~ 32r/min 时，导程可扩大 16 倍；主轴转速为 40 ~ 125r/min 时，可以扩大 4 倍；主轴转速更高时，导程不能扩大。这也正好符合实际需要，因为大导程螺纹只能在主轴低转速时车削。

6）车非标准和较精密螺纹。当需要车削非标准螺纹，用进给箱中的变速机构无法得到所要求的螺纹导程，或者说虽然是标准螺纹，但精度要求较高，这时可将进给箱中三个离合器 M_3、M_4、M_5 全部接合，使轴 XII、轴 XIV、轴 XVII、丝杠 XVIII 连成一体。运动直接从轴 XII 传至丝杠，所要求的工件螺纹导程可通过选择交换齿轮来得到。在这种情况下，由于主轴至丝杠的传动路线大为缩短，减少了传动件制造和装配误差对螺纹螺距精度的影响，因此可车出精度较高的螺纹。此时螺纹进给传动链的运动平衡式为：

$$L = 1_{(主轴)} \times \frac{58}{58} \times \frac{33}{33} \times i_{交} \times 12$$

化简后得到交换齿轮换置公式为：

$$i_{交} = \frac{a}{b} \times \frac{c}{d} = \frac{L}{12} \tag{1-10}$$

（2）纵向和横向进给运动传动链

1）传动路线。要实现纵向或横向进给运动，必须脱开进给箱中的离合器 M_5，使轴 XVII 上的齿轮 Z28 与轴 XIX 左端的齿轮 Z56 啮合（见图 1-3），断开车螺纹运动的丝杠传动，接通光杠传动的纵向或横向进给运动传动链。

主轴的运动可以通过车普通螺纹或寸制螺纹的传动路线传至光杠 XIX，然后由光杠经溜板箱中齿轮副(36/32) × (32/56)、超越离合器 M_6、安全离合器 M_7 传至轴 XX，再经蜗杆副 4/29 传至轴 XXI，这时运动可分两路进行传动：

① M_8 是纵向进给离合器，当 M_8 向上或向下接通时，轴 XXI 的运动经齿轮副 40/48 或 (40/30) × (30/48)、M_8 传至轴 XXII，后经齿轮副 28/80 使轴 XXIII 上的 $Z12$ 小齿轮在固定于床身上的齿条上滚动，从而使刀架获得向左或向右的纵向进给运动。

② M_9 是横向进给离合器，当 M_9 向上或向下接通时，轴 XXI 的运动经齿轮副 40/48 或 (40/30) × (30/48)、M_9 传至轴 XXV，然后经齿轮副 (48/48) × (59/18) 使横向进给丝杠轴 XXVII 转动，推动螺母从而带动刀架获得前、后两个方向的横向进给运动。

其传动路线表达式如下：

$$主轴（VI）- \begin{bmatrix} 普通螺纹传动路线 \\ 寸制螺纹传动路线 \end{bmatrix} - XVII - \frac{28}{56} - XIX （光杠）- \frac{36}{32} \times \frac{32}{56} -$$

$$- M_6 （超越离合器）- M_7 （安全离合器）- XX - \frac{4}{29} - XXI - \begin{bmatrix} \begin{bmatrix} \frac{40}{48} - M_8 \uparrow \\ \frac{40}{30} \times \frac{30}{48} - M_8 \downarrow \end{bmatrix} \\ \begin{bmatrix} \frac{40}{48} - M_9 \uparrow \\ \frac{40}{30} \times \frac{30}{48} - M_9 \downarrow \end{bmatrix} \end{bmatrix}$$

$$- XXV - \frac{48}{48} \times \frac{59}{18} - XXVII （丝杠）- 刀架（横向进给）$$

$$- XXII - \frac{28}{80} - XXIII - Z_{12} - 齿条 - 刀架（纵向进给）$$

2）纵向进给量的计算。利用进给传动链的不同传动路线以及进给箱中的基本螺距机构和增倍机构，可以获得纵向和横向进给量各 64 级。

纵向进给量是指主轴旋转 1 转时刀架纵向移动的距离：$f_纵$（mm/r）；横向进给量是指主轴转 1 转刀架横向移动的距离：$f_横$（mm/r）。

① 正常进给量：主轴运动经正常螺距机构、普通螺纹传动路线传至刀架而获得的进给量。运动平衡方程式为：

$$f_纵 = 1_{主轴} \times \frac{58}{58} \times \frac{33}{33} \times \frac{63}{100} \times \frac{100}{75} \times \frac{25}{36} \times i_基 \times \frac{25}{36} \times \frac{36}{25} \times i_倍 \times \frac{28}{56} \times \frac{36}{32} \times \frac{32}{56} \times \frac{4}{29} \times \frac{40}{48} \times \frac{28}{80} \times \pi \times 2.5 \times 12$$

化简后得：

$$f_纵 = 0.71 \times i_基 \times i_倍 \tag{1-11}$$

通过调整 $i_基$ 和 $i_倍$，可以获得 0.08 ~ 1.22mm/r 的 32 级正常进给量。

② 较大进给量：主轴运动经正常螺距机构、寸制螺纹传动路线传至刀架而获得的进给量。运动平衡方程式为：

$$f_纵 = 1_{主轴} \times \frac{58}{58} \times \frac{33}{33} \times \frac{63}{100} \times \frac{100}{75} \times \frac{1}{i_基} \times \frac{36}{25} \times i_倍 \times \frac{28}{56} \times \frac{36}{32} \times \frac{32}{56} \times \frac{4}{29} \times \frac{40}{48} \times \frac{28}{80} \times \pi \times 2.5 \times 12$$

化简后得：

$$f_纵 = 1.474 \times \frac{i_倍}{i_基} \tag{1-12}$$

使 $i_倍 = 1$，以不同的 $i_基$ 代入上式，可得到从 0.86 ~ 1.59mm/r 的 8 级较大进给量。当 $i_倍$ 为其他值时，其进给量与普通螺纹传动路线的完全相同。

③ 加大进给量：当主轴转速为 10 ~ 125r/min 的 12 级低转速时，采用扩大螺距机构并经寸制螺纹传动路线，使刀架获得从 1.71 ~ 6.33mm/r 的 16 级加大进给量，用于强力切削和宽刃车刀精车。

其运动平衡式为：

$$f_纵 = 1_{主轴} \times i_扩 \times \frac{58}{58} \times \frac{33}{33} \times \frac{63}{100} \times \frac{100}{75} \times \frac{1}{i_基} \times \frac{36}{25} \times i_倍 \times \frac{28}{56} \times \frac{36}{32} \times \frac{32}{56} \times \frac{4}{29} \times \frac{40}{48} \times \frac{28}{80} \times \pi \times 2.5 \times 12$$

化简后得：

$$f_纵 = 23.584 \times \frac{i_倍}{i_基} \qquad (n = 10 \sim 32 \text{r/min}) \tag{1-13}$$

$$f_纵 = 5.896 \times \frac{i_倍}{i_基} \qquad (n = 40 \sim 125 \text{r/min}) \tag{1-14}$$

④ 精细进给量：当轴Ⅲ－Ⅵ实现直传、主轴转速为 450 ~ 1450r/min 的 6 级高转速时，将轴Ⅸ上的齿轮 Z58 右移与轴Ⅷ上的齿轮 Z26 啮合，后经普通螺纹传动路线传至刀架，则从主轴Ⅵ到轴Ⅸ的传动比为：

$$i = \frac{50}{63} \times \frac{44}{44} \times \frac{26}{58} \approx 0.36$$

所以

$$f_精细 = 0.36 \times f_正常 \tag{1-15}$$

使 $i_倍 = 1/8$，即可获得 8 级供高速精车用的精细进给量，范围为 0.028 ~ 0.054mm/r。纵向进给运动的 64 级进给量见表 1-7。

表 1-7　纵向机动进给量 $f_纵$　　　　（单位：mm/r）

i基 类型 ＼ 进给量 i倍	精细	正常				较大	加大			
							4	16	4	16
	1/8	1/8	1/4	1/2	1	1	1/2	1/8	1	1/4
26/28	0.028	0.08	0.16	0.33	0.66	1.59	3.16		6.33	
28/28	0.032	0.09	0.18	0.36	0.71	1.47	2.93		5.87	
32/28	0.036	0.10	0.20	0.41	0.81	1.29	2.57		5.14	
36/28	0.039	0.11	0.23	0.46	0.91	1.15	2.28		4.56	
19/14	0.043	0.12	0.24	0.48	0.96	1.09	2.16		4.32	
20/14	0.046	0.13	0.26	0.51	1.02	1.03	2.05		4.11	
33/21	0.050	0.14	0.28	0.56	1.12	0.94	1.87		3.74	
36/21	0.054	0.15	0.30	0.61	1.22	0.86	1.71		3.42	

3）横向进给量的计算。横向进给运动由主轴Ⅵ到轴ⅩⅪ的传动路线与纵向进给的完全相同，从轴ⅩⅪ开始到刀架为定比传动，因此横向进给运动也具有 64 级的进给量。

由

$$\frac{f_横}{f_纵}=\frac{1_{（主轴）} \times i_{Ⅵ-ⅩⅪ} \times \frac{40}{48} \times \frac{48}{48} \times \frac{59}{18} \times 5}{1_{（主轴）} \times i_{Ⅵ-ⅩⅪ} \times \frac{40}{48} \times \frac{28}{80} \times \pi \times 2.5 \times 12} \approx \frac{1}{2}$$

可知，横向进给量为纵向进给量的一半。

3. 刀架的空行程快速移动传动链

刀架快速移动由装在溜板箱内的快速电动机（0.25kW，2800r/min）传动。快速电动机的运动经齿轮副 13/29 传至轴ⅩⅩ，然后再经溜板箱内与机动进给相同的传动路线传至刀架，使其实现纵向和横向的快速移动，如图 1-3 所示。当快速电动机使传动轴ⅩⅩ快速旋转时，依靠齿轮 $Z56$ 与轴ⅩⅩ间的超越离合器 M_6，可避免与进给箱传来的工作进给发生矛盾。

六、CA6140 型车床主要的部件结构

1. 主轴箱部件结构

主轴箱的功用是支承主轴和使其旋转，并使其实现起动、停止、变速和换向等。因此，主轴箱中通常包含有主轴及其支承轴承，传动机构，起动、停止、换向装置及操控装置，制动装置和润滑装置等。

（1）主轴箱展开图　为了便于了解主轴箱中各传动件的结构、形状和装配关系以及传动轴的支承结构等，常采用主轴箱展开图来表述，它基本上按主轴箱中各传动轴传递运动的先后顺序，沿其轴线取剖切面展开而绘制成的平面装配图。

图 1-4 所示为主轴箱的侧面图，表述了主轴箱展开图的剖切顺序：轴Ⅳ—Ⅰ—Ⅱ—Ⅲ（Ⅴ）—Ⅵ—Ⅹ—Ⅸ—Ⅺ，轴Ⅶ和轴Ⅷ另外单独取剖切面展开，主轴箱展开图如图 1-5 所示。

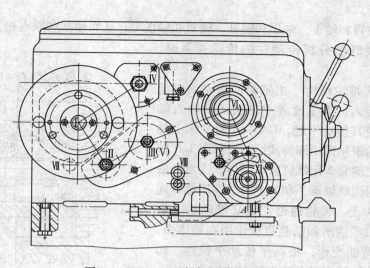

图 1-4　CA6140 型车床主轴箱侧面图

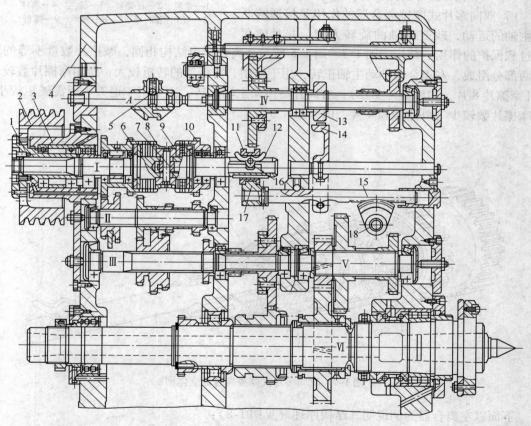

图 1-5　CA6140 型车床主轴箱展开图

1—花键套　2—带轮　3—法兰　4—箱体　5—钢球　6、10—齿轮　7—销　8、9—螺母　11—滑套
12—元宝杠杆　13—制动盘　14—制动带　15—齿条　16—拉杆　17—拨叉　18—扇形齿轮

由于展开图是把立体的传动结构展开在一个平面上绘制而成的，其中有些轴之间的距离

被拉开了,如轴Ⅶ和轴Ⅰ、轴Ⅳ和轴Ⅲ、轴Ⅵ和轴Ⅸ等,从而使某些原本相互啮合的齿轮副分开了。利用展开图分析传动件的传动关系时,应予以注意。

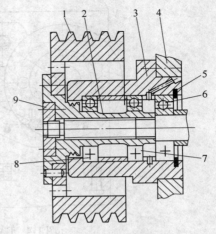

(2)卸荷式带轮结构　主轴箱的运动由电动机经带、带轮传入,为了改善主轴箱运动输入轴的工作条件,使其传动平稳,CA6140型车床主轴箱输入轴Ⅰ上的带轮采用卸荷式结构,如图1-6所示。带轮1和花键套2用螺钉联成一体,支承在法兰3内的两个深沟球轴承7和8上,法兰用螺钉固定在主轴箱体4上。带轮通过花键套带动轴Ⅰ旋转,而带的张力经轴承和法兰直接作用在箱体上,减少了轴Ⅰ的弯曲变形,提高了传动平稳性。卸荷带轮常用于旋转精度要求较高的主轴传动。

图1-6　卸荷式带轮结构
1—带轮　2—花键套　3—法兰　4—箱体
5—孔用挡圈　6、7、8—轴承　9—螺母

(3)双向多片式离合器、制动装置、操控机构

1)双向多片式摩擦离合器的作用是接通或断开主轴的运动,改变主轴的旋转方向,并且能起到过载保护的作用。结构如图1-7、图1-8所示,离合器由结构相同,摩擦片数量不等的左右两部分组成,左离合器推动主轴正转,用于切削,需传动的转矩较大,所用摩擦片数较多(外摩擦片8片,内摩擦片9片);右离合器传动主轴反转,主要用于退刀,所需转矩较小,故摩擦片数较少(外摩擦片4片,内摩擦片5片)。

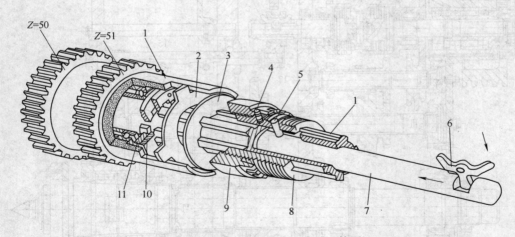

图1-7　双向多片式摩擦离合器立体图

下面以左离合器为例说明其结构原理(见图1-8):

带离合器套筒的双联齿轮1由两个深沟球轴承支承在轴Ⅰ上,内摩擦片3和外摩擦片2相间安装,内摩擦片以内花键与轴Ⅰ的外花键相连接;外摩擦片以其4个凸齿卡在双联齿轮套筒相应的四个轴向槽中,其内孔空套在轴Ⅰ的花键外径上。止推环10和11类似内摩擦片,有一内花键,安装时,把止推环10装到轴Ⅰ的沉割槽处之后,将它转动半个花键齿距,

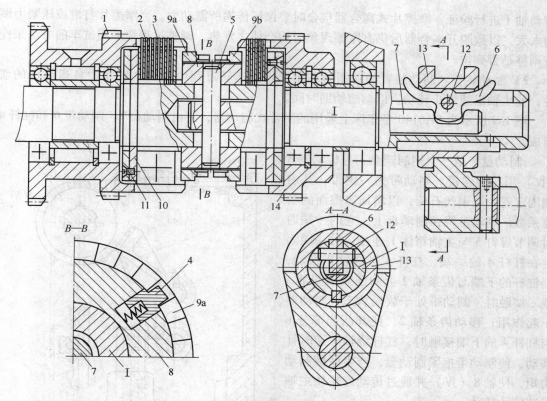

图 1-8　双向多片式摩擦离合器机构

1—双联齿轮　2—外摩擦片　3—内摩擦片　4—弹簧销　5—穿销　6—元宝杠杆　7—拉杆　8—滑套
9a、9b—螺母　10、11—止推环　12—转销　13—压套　14—右齿轮

使之在沉割槽中不能轴向移动，然后把止推环 11 装上，并用螺钉、销与止推环 10 固定在一起，使两者不能相对于轴 I 转动或移动，构成了摩擦片的一个固定轴肩，以承受摩擦片被压紧时的轴向力。

左右两组离合器中间装有一个带外螺纹的滑套 8，铣有许多轴向槽的调整螺母（9a、9b）与滑套 8 为螺纹连接，滑套 8 由穿销 5 穿过轴 I 上的轴向长槽与拉杆 7 相连。在空心轴 I 的右端槽中用圆柱转销 12 支承着元宝杠杆 6，且元宝杠杆 6 的下端部卡在拉杆 7 的横槽中。当用操纵机构拨动压套 13 移向右边时，压套 13 将元宝杠杆的右角压下，使它绕销轴 12 顺时针摆动，其下端部推动拉杆 7 向左移动，通过穿销 5 带动滑套 8 和螺母 9a 将离合器内外摩擦片压紧在止推环 10 和 11 上，通过摩擦片间的摩擦力传递转矩，将轴 I 的运动传递给双联齿轮 1，于是主轴可以作正向旋转。

摩擦片间的压紧力可用调整螺母 9 来调整：压下弹簧销 4（见图 1-8 中 B—B 剖视图），然后转动螺母 9，使其相对滑套 8 作轴向移位，即可改变摩擦片间的压紧力，从而调整了离合器所传递转矩的大小，调整好后弹簧销 4 复位，插入螺母的槽中，使螺母在运转中不会松动。

摩擦片式离合器在使用过程中常见的故障有：加工时主轴转速减慢甚至停转；主轴处于停止状态时仍会慢速转动；摩擦离合器发热。因此，在调整时，应保证滑套 8 处于中间位置，左右两组离合器完全脱开，可通过检查两组摩擦片松动的程度和手动扳转自定心卡盘来转动轴Ⅰ进行验证。摩擦片式离合器接合时要保证传递所需动力。当摩擦片打滑或压紧力调的太大，以致脱开离合器后仍有摩擦现象时均会使之发热，调整过程常采用试车的方法来检查调整是否到位。

2）制动装置。制动装置的功用是在车床停止运转过程中克服主轴箱中各运动件的惯性，使主轴迅速停止转动，以缩短辅助时间。

图1-9所示为CA6140型车床上采用的闸带式制动器，它由制动盘7、制动带6和杠杆4组成。

制动盘7是一个钢制圆盘，与传动轴8（Ⅳ）用花键连接。制动带为一钢带，其内侧固定着一层铜丝石棉，以增加摩擦面的摩擦系数。制动带绕在制动盘上，它的一端通过调节螺钉5与主轴箱体1连接，另一端固定在杠杆4的一端，杠杆4可绕轴3摆动，当杠杆的下端与齿条轴2上的圆弧形凹部a或c接触时，制动带处于放松状态，制动器不起作用；移动齿条轴2，使其凸起部分b与杠杆4的下端接触时，杠杆绕轴3逆时针摆动，使制动带抱紧制动盘，产生摩擦制动力矩，使轴8（Ⅳ）并通过传动齿轮使主轴迅速停止转动。

制动装置中，制动带的松紧程度要适当：要求停车时，主轴迅速制动；开车时，制动盘应完全松开。制动带的拉紧程度，可用调节螺钉5进行调节。

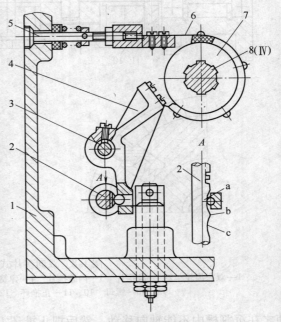

图1-9　闸带式制动器
1—箱体　2—齿条轴　3—杠杆支承轴　4—杠杆
5—调节螺钉　6—制动带　7—制动盘　8—传动轴

3）主轴开停、换向、制动操控装置。图1-10所示为CA6140型车床控制主轴开停、换向和制动的操控机构。当向上扳动手柄21时，通过轴20、曲柄19使扇形齿轮18顺时针转动，传动齿条轴17及固定在其左端的拨叉24右移，拨叉24带动滑套10右移，使双向多片式离合器的左离合器接合，主轴正转起动，与此同时，制动器的杠杆14下端与齿条轴上的凹部接触，制动器处在松开状态。相反，当向下扳动手柄时，双向多片式摩擦离合器右离合器接合，主轴反转，制动器也处在松开状态。当手柄处在中间位置时，齿条轴和滑套也都处在中间位置，双向多片式摩擦离合器的左、右两组离合器都断开，主轴与动力源断开，与此同时，齿条轴的凸起部分压着制动器杠杆的下端，将制动带15拉紧，导致主轴制动。

（4）滑移齿轮变速操控机构　主轴箱中有七只滑移齿轮，由三套机构加以操控：

1）单手六变速操控机构。图1-11所示为主轴箱中一种单手六变速操控机构。它用一个手柄同时操纵轴Ⅱ上的双联滑移齿轮和轴Ⅲ上的双联滑移齿轮和三联滑移齿轮，变换轴Ⅰ—Ⅲ间的六种传动比。转动手柄通过链条可传动装在轴4上的曲柄2和盘状凸轮3转动，手柄轴和轴4的传动比为1:1。曲柄2上装有拨销，其伸出端上套有滚子，嵌入拨叉1的长槽中。

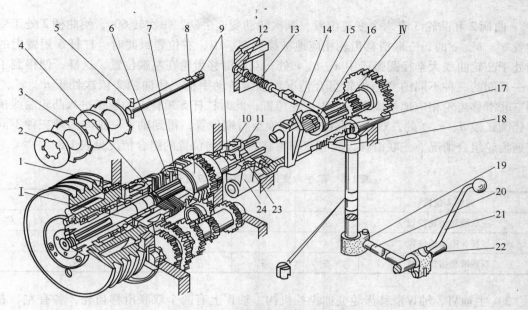

图 1-10 CA6140 型车床控制主轴开停、换向和制动的操控机构

1、8—齿轮 2—内摩擦片 3—外摩擦片 4—止推片 5、23—销 6—调节螺母 7—压块
9—拉杆 10—滑套 11—元宝杠杆 12—调节螺钉 13—弹簧 14—制动杠杆 15—制动带
16—制动盘 17—齿条轴 18—扇形齿轮 19—曲柄 20、22—轴 21—手柄 24—拨叉

曲柄带着拨销做偏心运动时，可带动拨叉拨动轴Ⅲ上的三联滑移齿轮沿轴Ⅲ左右移换位置。盘状凸轮 3 的端面上有一条封闭的曲线槽（图 1-11b），它由半径不同的两段圆弧和过渡直线组成，每段圆弧的中心角稍大于 120°。凸轮曲线槽经圆柱销通过杠杆 5 和拨叉，可拨动轴Ⅱ上的双联滑移齿轮移换位置。

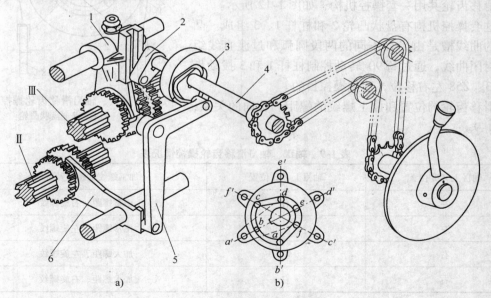

图 1-11 单手六变速操控机构

1、6—拨叉 2—曲柄 3—盘状凸轮 4—轴 5—杠杆

曲柄 2 和凸轮 3 有六个变速位置，顺次转动变速手柄，每次转 60°，使曲柄 2 处于变速位置 a'、b'、c' 时，三联滑移齿轮相应地被拨到左、中、右位置；此时，杠杆 5 短臂上的短销处于凸轮曲线大半径圆弧段中 a、b、c 处，双联滑移齿轮在左端位置，这样，便得到了轴 Ⅰ—Ⅲ 间的三种不同的变速齿轮组合情况。继续转动手柄，使曲柄 2 依次处于 d'、e'、f'，则三联滑移齿轮相应地被拨至右、中、左位置；此时杠杆 5 短臂上的短销进入凸轮曲线槽小半径圆弧段 d、e、f 处，双联滑移齿轮被移换至右端位置，得到轴 Ⅰ—Ⅲ 间另外三种不同的变速齿轮组合情况。三联滑移齿轮和双联滑移齿轮轴向位置的组合情况见表 1-8。

表 1-8　单手六变速操控机构的位置关系表

曲柄 2 位置	a'	b'	c'	d'	e'	f'
三联滑移齿轮位置	左	中	右	右	中	左
杠杆 5 中短销位置	a	b	c	d	e	f
双联滑移齿轮位置	左	左	左	右	右	右

2）主轴 Ⅵ、轴 Ⅳ 滑移齿轮变速操控机构。轴 Ⅳ 上有两个双联滑移齿轮，各有左、右两个啮合位置，通过它们滑移变位，可使轴 Ⅲ—Ⅴ 之间获得 3 种传动比。主轴 Ⅵ 上有一个单联滑移齿轮（M_2），有左（高速直传）、中（空档）、右（中、低转速）三个位置，这三个滑移齿轮用一个操控机构。

3）轴 Ⅸ、轴 Ⅺ 滑移齿轮操控机构。轴 Ⅸ 上的滑移齿轮 $Z58$ 有左（正常螺距传动）、右（扩大螺距传动）两个位置。轴 Ⅺ 上的滑移齿轮 $Z33$ 有左（左旋螺纹加工传动）、右（右旋螺纹加工传动）两个位置。这两只滑移齿轮共用一套操控机构，如图 1-12 所示。

这套操控机构有盘状凸轮 2 和杠杆 1、3 组成。凸轮 2 的曲线槽是由半径不同的两段圆弧和过渡直线组成的封闭曲线，通过每 90° 转动控制杠杆 1 和 3 拨动齿轮 $Z33$、$Z58$ 左右移位，达到操控目的。

滑移齿轮的位置和加工螺纹的螺距、旋向的关系，见表 1-9。

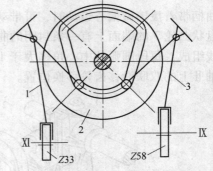

图 1-12　轴 Ⅸ、轴 Ⅺ 滑移齿轮操控机构
1、3—杠杆　2—盘状凸轮

表 1-9　轴 Ⅸ、轴 Ⅺ 滑移齿轮操控情况表

轴 Ⅸ 上 $Z58$ 位置	轴 Ⅺ 上 $Z33$ 位置	加工螺纹的螺距及旋向
左	右	正常螺距、右旋螺纹
左	左	正常螺距、左旋螺纹
右	左	加大螺距、左旋螺纹
右	右	加大螺距、右旋螺纹

（5）主轴组件　主轴组件由主轴、主轴轴承和传动齿轮等零件组成，其中主轴及其支承轴承是主轴箱最重要的部分，如图 1-13 所示。

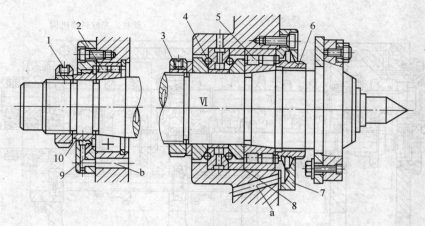

图 1-13 主轴组件结构
1、3、6—螺母 2—双列短圆柱滚子轴承 4—双列角接触球轴承
5—圆锥孔双列圆柱滚子轴承 7、9—轴承端盖 8—隔套 10—套筒

主轴工作时，直接带动工件旋转并承受很大的切削力，主轴组件的旋转精度、刚性和抗振性等对工件的加工精度和表面粗糙度有直接影响。因此，机床对主轴组件的要求较高。

主轴是空心阶梯轴（见图 1-5），中心有一直径为 $\phi48mm$ 的通孔，用于通过长棒料以及气动、液压等夹紧装置的传动杆，也用于穿过长棒以便卸下顶尖。主轴前端有精密的莫氏 6 号锥孔，用来安装顶尖和心轴。主轴后端的锥孔是工艺孔。主轴尾部圆柱是气动、液压夹紧装置的安装基面。

主轴前端采用短锥法兰式结构，它以短锥体和轴肩端面定位，用 4 个螺栓将卡盘或拨盘固定在主轴上，由主轴轴肩端面上的圆柱形端面键传递转矩。这种主轴端部结构的定心精度高，主轴前端的悬伸长度小，刚度好，装卸卡盘也较方便。

主轴右端装有一个左旋斜齿圆柱齿轮 $Z58$，可使主轴运转平稳，传动时，该齿轮作用在主轴上的轴向力与轴向切削分力的方向相反，因此还可以减少主轴前支承轴承所承受的轴向力。

主轴安装采用三支承结构形式：前、后支承为主支承，中间支承为辅助支承。前支承轴承和后支承轴承分别为 D3182121 和 E3182115 双列圆柱滚子轴承，中间为 E32216 圆柱滚子轴承。靠前轴承处，装有双向推力角接触球轴承，以承受左、右两个方向的轴向力，轴承的间隙对主轴的回转精度影响很大，使用中因磨损导致间隙增大时，需要及时调整。

为了防止润滑油外漏，前后支承都采用了油沟式密封，即在前螺母和后支承套筒的外圆柱表面上做有锯齿形环形槽，主轴旋转时，依靠离心力的作用把经轴承后向外流淌的油液，甩向轴承盖的空腔，然后经油孔流回主轴箱底，再流回油池。

2. 进给箱部件结构

进给箱的功用是变换被加工螺纹的种类和导程，以及获得所需的各种机动进给量。通常由以下几个部分组成：变换螺纹导程和进给量的变速机构（基本螺距机构和增倍机构）、变换螺纹种类的移换机构以及操控机构。

图 1-14 所示为 CA6140 型车床双轴滑移齿轮进给箱展开图。进给箱内的变速滑移齿轮，是由装在前箱盖上的手轮和两个手柄分别操控的。

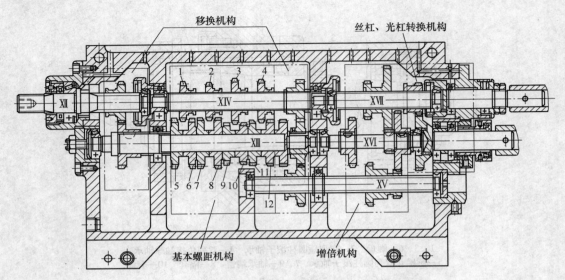

图 1-14　CA6140 型车床进给箱展开

（1）基本螺距机构及操控机构　进给箱的基本螺距机构为双轴滑移齿轮机构，轴XIV上的每一个滑移齿轮都分别与轴XIII上的两个固定齿轮啮合，且两轴间的八种传动比又必须按严格的规律排列，为使所有相互啮合的齿轮中心距相等，必须采用不同模数和变位系数的齿轮，表 1-10 列出了 CA6140 型车床进给箱中基本螺距机构各齿轮的齿数、模数和变位系数，表中齿轮编号如图 1-14 所示。

表 1-10　CA6140 型车床进给箱基本螺距机构齿轮表

编号	1	2	3	4	5	6
齿数	14	21	28	28	19	20
模数/mm	3.75	2.25	2.25	2	3.75	3.75
变位系数	+0.159	0	0	+0.024	+0.16	−0.349
编号	7	8	9	10	11	12
齿数	36	33	26	28	36	32
模数/mm	2.25	2.252	2.25	2.25	2	2
变位系数	−0.465	+1.124	+1.124	0	−0.711	+1.5

由于双轴滑移齿轮机构的使用性能、结构刚性和制造工艺性都比较好，因此在新型号机床上使用很普遍。

轴XIV上基本组的四个滑移齿轮都需要移换左、中、右三个位置，而且每次变速时只能有一个啮合。图 1-15 所示为进给箱基本组的操纵机构图。

四个滑移齿轮由手轮 6 通过各自的操控杠杆 3 操纵（见图 1-15b）。杠杆 3 可绕固定在箱盖上的小轴摆动，在其一端装有拨动齿轮的拨块 2，另一端装有圆柱销 4。四个圆柱销在不同位置上穿过箱盖上的孔，均匀地插入手轮 6 的环形槽 E 中。环形槽 E 上有两个相隔 45°

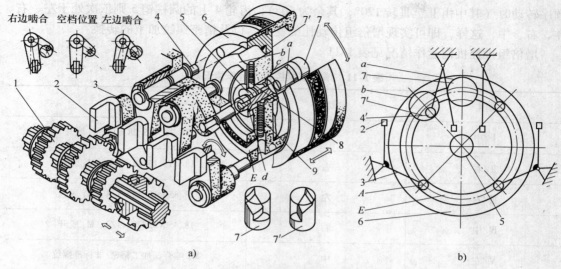

图 1-15 进给箱基本组操控机构

a）立体结构图 b）平面机构简图

1—齿轮 2—拨块 3—操控杠杆 4、4′—圆柱销 5—中心轴 6—手轮 7、7′—压块
E—环形槽 8—钢珠弹簧定位机构 9—手轮分度定位螺钉
a、b、c、d—环形槽上的孔 A—位置点

的孔 a 和孔 b，孔内分别安装有带有斜面的压块 7 和 7′，压块 7 的斜面沿半径方向向外，压块 7′的斜面沿半径方向向内（见图 1-15b），利用两个压块和环形槽控制圆柱销 4，并通过杠杆 3、拨块 2 使滑移齿轮移换三个位置：

1）当圆柱销 4 在环形槽 E 中，滑移齿轮处在中间空档位置。

2）当圆柱销 4 在孔 a 或孔 b 中时，滑移齿轮则被拨块拨动处在左啮合位置或者右啮合位置。与轴ⅩⅢ上的相应齿轮啮合。

变速时，要先把手轮 6 向外拉出，然后转动手轮至所需位置。手轮无论转到哪一个位置，四个圆柱销中总有一个位于孔 a 或孔 b 相对应的地方，而其余圆柱销则处在环形槽中。再推入手轮，则圆柱销 4 在压块 7 或 7′斜面的作用下靠向孔 a 的外侧或孔 b 的内侧，使杠杆 3 摆动，拨块 2 便拨动齿轮到啮合位置。图 1-15b 所示为左上角圆柱销插入孔 b 中，受压块作用使拨块处在右端。

（2）增倍组操控机构 如图 1-16 所示，增倍组变速操控机构由齿数比为 2:1 的两齿轮组成。轴 3（手动转动手柄带动）上固定一大齿轮 2，与小齿轮 4 啮合。那么大齿轮 2 转过 60°，小齿轮 4 转过 120°。圆柱销 1 和 5 分别偏心地安装于齿轮 2 和齿轮 4 上，通过拨叉分别操控轴ⅩⅦ上的双联滑移齿轮（Z28—Z48）作左（离合器 M_4 接合）、中、右三个位置的变换以及轴ⅩⅤ上的双联滑移齿轮（Z28—Z18）作左、中（空档）、右三个位置的变换。

扳动手柄使轴 3 带动齿轮 2 及圆柱销 1 按Ⅰ、Ⅱ、Ⅲ、Ⅳ、Ⅴ

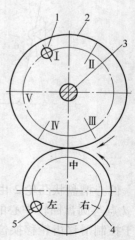

图 1-16 增倍组操控机构

1、5—圆柱销 2—大齿轮
3—转轴 4—小齿轮

顺序转动时（其中由Ⅱ至Ⅲ转120°，其余为60°），齿轮4上的圆柱销5则依次处于左、右、左、右、中，这样，即可实现增倍组传动比的变化，以及精密螺纹加工的转换。

增倍组操控机构运作情况见表1-11。

表1-11　增倍组操控机构运作情况表

销4	销5	作用
Ⅰ／中	左	28/35×35/28＝1、M_4脱开
Ⅱ／右	右	18/45×15/48＝1/8、M_4脱开
Ⅲ／右	左	28/35×15/48＝1/4、M_4脱开
Ⅳ／中	右	18/45×35/28＝1/2、M_4脱开
Ⅴ／左	中	M_4啮合，加工精密/非标准螺纹

（3）移换机构及操控机构　加工不同标准的螺纹时，进给箱中基本螺距机构运动传动方向的改变，是由离合器M_3和轴ⅩⅤ上的滑移齿轮Z25实现的；而螺纹进给传动链传动比数值中包含有25.4、π等特殊因子，则由轴Ⅻ—轴Ⅷ间齿轮副25/36、轴ⅩⅣ—Ⅷ—ⅩⅤ间齿轮副(25/36)×(36/25)、轴Ⅷ—ⅩⅤ间齿轮副36/25与交换齿轮适当组合获得的。进给箱中具有上述功能的离合器、滑移齿轮和定比齿轮传动机构，一般称为移换机构。

进给箱中轴Ⅻ上滑移齿轮Z25、轴ⅩⅤ上滑移齿轮Z25、轴ⅩⅦ上的滑移齿轮Z28共用一套机构进行操控，如图1-17所示。

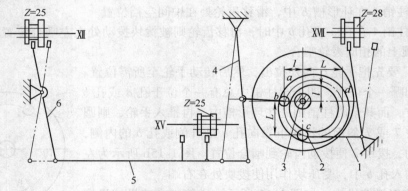

图1-17　移换机构及操控原理
1、4、5、6—杠杆　2—偏心槽盘状凸轮　3—凸轮转轴

偏心槽盘状凸轮2由手动扳动进行操作，偏心槽的a、b点与圆盘回转中心的距离为l，c、d点与圆盘回转中心的距离为L。杠杆1用于控制光杠、丝杠传动的转换；杠杆4、5、6用于控制滑移齿轮移换位置。

通过盘状凸轮的偏心槽在旋转过程中改变杠杆销子和圆盘回转中心的距离，驱动杠杆摆动，从而带动拨叉使滑移齿轮移位，以得到各种不同传动路线。移换机构传动路线变化见表1-12。

表1-12 移换机构传动路线变化表（偏心盘状凸轮2顺时针转90°/次）

杠杆4	杠杆1	轴XII Z25	轴XV Z25	轴XVII Z28	作用
l	L	左	右	左	M_3、M_5脱开、米制、光杠传动，获得正常进给量
L	L	右	左	左	M_3啮合，M_5脱开，寸制、光杠传动，获得较大进给量
L	l	右	左	右	M_3、M_5啮合，寸制、丝杠传动，加工寸制螺纹、径节制螺纹
l	l	左	右	右	M_3脱开、M_5啮合，米制、丝杠传动，加工普通螺纹、模数制螺纹

3. 溜板箱部件结构

溜板箱的作用是将丝杠或光杠传来的旋转运动转变为直线运动并带动刀架进给，控制刀架运动的接通、断开和换向及机床过载时控制刀架自动停止进给，手动操纵刀架移动和实现快速移动等。

溜板箱通常设有以下几种机构：接通丝杠传动的开合螺母机构；将光杠的运动传至纵向齿轮齿条和横向进给丝杠的传动机构；接通、断开和转换纵向、横向进给的转换机构；保证机床安全工作的过载保险装置和互锁机构；控制刀架运动的操纵机构；以及快速空行程传动机构等。

（1）开合螺母机构 开合螺母机构的结构如图1-18所示。

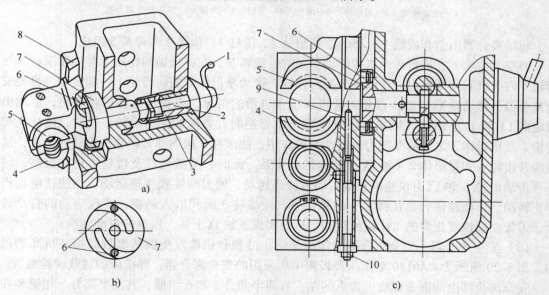

图1-18 开合螺母机构
a) 立体结构图 b) 槽盘圆销结构简图 c) 平面结构简图
1—手柄 2—轴 3—衬套 4、5—半螺母 6—圆柱销
7—槽盘 8—镶条 9—销钉 10—调整螺钉

开合螺母由上、下两个半螺母4、5组成，装在溜板箱体后壁的燕尾导轨中，可上、下移动。上、下半螺母的背面各装有一个圆柱销6，其伸出端分别嵌在槽盘7的两条曲线槽中。扳动手柄1，经轴2使槽盘逆时针转动时（见图1-18b），曲线槽迫使两个圆柱销相互靠拢，带

动上、下半螺母合拢，与丝杠啮合，刀架便由丝杠驱动螺母带动溜板箱进给。槽盘顺时针转动时，曲线槽通过圆柱销使两个半螺母互相分开，与丝杠脱开啮合，刀架便停止进给。

利用调整螺钉 10，可以调整开合螺母的开合量，即调整开合螺母合上后与丝杠之间的间隙。调整时，拧动调整螺钉 10，以调整销钉 9 从半螺母 4 的伸出长度，从而限定开合螺母合上时的位置，以调整丝杠与螺母间的适当间隙。

（2）超越离合器　超越离合器的作用是实现同一轴运动的快、慢速自动转换，结构如图 1-19 所示。

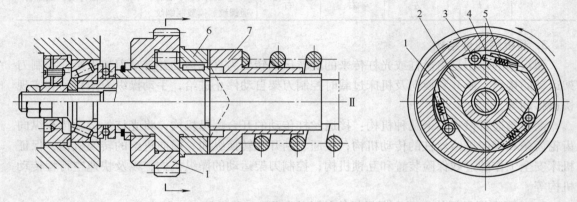

图 1-19　超越离合器机构原理图

1—空套齿轮　2—星形体　3—滚柱　4—顶销　5—弹簧　6、7—安全离合器

超越离合器由空套齿轮 1（$Z56$）、星形体 2、滚柱 3、顶销 4 和弹簧 5 组成。

当空套齿轮 1 在进给传动机构驱动下逆时针旋转时，在弹簧销的作用下并依靠滚柱 3 与齿轮 1 内孔壁间的摩擦力，使滚柱 3 挤向楔缝，带动星形体 2 随同齿轮 1 一起转动，再经安全离合器 7 带动轴 XX 转动，这是刀架机动工作进给的情况。当快速电动机起动时，运动由齿轮副 13/39 传至轴 XX，则星形体由轴 XX 带动做逆时针方向的快速旋转，这时，滚柱 3 与齿轮 1 及星形体 2 之间的摩擦力和惯性力的作用，使滚柱 3 压缩弹簧销移向楔缝的大端，从而脱开齿轮 1 和星形体 2（轴 XX）间的传动关系。此时，虽然光杠及齿轮 1 仍在旋转，但不再传动轴 XX，轴 XX 由快速电动机带动做快速转动，使刀架实现快速运动。当快速电动机停止转动后，超越离合器在弹簧 5 的作用下，使滚柱 3 瞬间嵌入斜楔，实现运动的自动转换，刀架立即恢复正常的工作进给运动，从而实现了轴 XX 上快、慢速的自动转换。

（3）安全离合器　安全离合器的作用是防止过载和机床发生偶然事故时损坏机床的机构。图 1-20 所示为 CA6140 型车床溜板箱中所采用的安全离合器，即机床的过载保险装置。

安全离合器由端面带螺旋形齿爪的左、右两半部分 5 和 6 组成，其左半部分 5 用键装在超越离合器 M_6 的星形体 4 上，右半部分 6 用花键与轴 XX 连接。正常情况下，在弹簧 7 压力作用下，离合器左右两部分相互啮合，由光杠传来的运动，经齿轮 $Z56$、超越离合器 M_6 和安全离合器 M_7，传至轴 XX 和蜗杆 10，此时安全离合器螺旋齿面产生的轴向分力 $F_{轴}$，由弹簧 7 的压力来平衡，如图 1-21 所示。

刀架上的载荷增大时，通过安全离合器齿爪传递的转矩以及作用在螺旋齿面上的轴向分力都将随之增大。当轴向分力 $F_{轴}$ 超过弹簧 7 的压力时，离合器右半部分 6 将压缩弹簧而向右移动，与左半部分 5 脱开，导致安全离合器打滑，于是机动传动链断开，刀架停止进给。

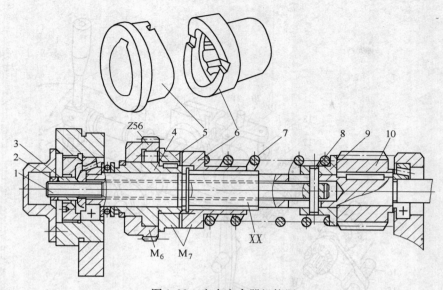

图 1-20 安全离合器机构图

1—拉杆　2—锁紧螺母　3—调整螺母　4—超越离合器星轮　5—安全离合器左半部
6—安全离合器右半部　7—弹簧　8—圆销　9—弹簧座　10—蜗杆

过载现象消除后，弹簧 7 使安全离合器重新自动接合，恢复正常工作。

机床许用的最大进给力，决定于弹簧 7 调定的压力。拧转螺母 3，通过装在轴 XX 内孔中的拉杆 1 和圆销 8，可调整弹簧座 9 的轴向位置，改变弹簧 7 的压缩量，从而调整安全离合器能传递的转矩大小。

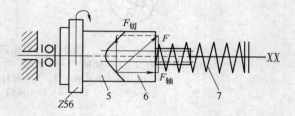

图 1-21　安全离合器工作原理

（4）纵向、横向机动进给操控机构　图 1-22 所示为 CA6140 型车床的机动进给操控机构。

机动进给传动机构利用一个手柄集中操控纵向、横向机动进给运动的接通、断开和换向，且手柄扳动方向与刀架运动方向一致，使用非常方便。

向左或向右扳动手柄 1，使手柄座 3 绕着销轴 2 摆动时（销轴 2 装在轴向位置固定的轴 23 上），手柄座下端的开口槽通过球头销 4 拨动轴 5 轴向移动，再经杠杆 11 和连杆 12 使凸轮 13 转动，凸轮上的曲线槽又通过圆销 14 带动拨叉轴 15 以及固定在它上面的拨叉 16 向前或向后移动，拨叉拨动离合器 M_8，使之与轴 XXII 上两个空套齿轮之一啮合，于是纵向机动进给运动接通，刀架相应地向左或向右移动。

向前或向后扳动手柄 1，通过手柄座 3 使轴 23 以及固定在它左端的凸轮 22 转动时，凸轮上曲线槽通过圆销 19 使杠杆 20 绕着销轴 21 摆动，再经杠杆 20 上的另一个圆销 18，带动拨叉轴 10 以及固定在它上面的拨叉 17 向前或向后移动，拨叉拨动离合器 M_9，使之与轴 XXV 上两个空套齿轮之一啮合，于是横向机动进给运动接通，刀架相应地向前或向后移动。

手柄 1 扳至中间直立位置时，离合器 M_8 和 M_9 均处于中间位置，机动进给传动链断开。当手柄扳至左、右、前、后任一位置时，如果按下装在手柄 1 顶端的按钮 S，则快速电动机

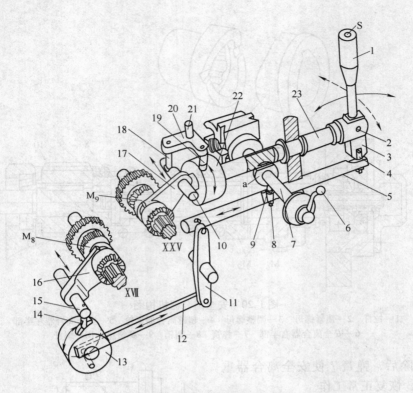

图 1-22　机动进给操控机构

1、6—手柄　2、21—销轴　3—手柄座　4、9—球头销　5、7、23—轴　8—弹簧销
10、15—拨叉轴　11、20—杠杆　12—连杆　13、22—凸轮
14、18、19—圆销　16、17—拨叉

接通,刀架便在相应方向上快速移动。

(5) 互锁机构　机床工作时,如果操作错误,同时将丝杠传动与纵向、横向机动进给(或快速运动)接通,则将损坏机床。为了防止发生上述事故,溜板箱中设有互锁机构,以保证开合螺母和机动进给不能同时接通。CA6140 型车床互锁机构工作原理如图 1-23 所示。

图 1-23a 所示为中间位置时的状态,这时机动进给或快速移动未接通,开合螺母也处于张开状态,因此可任意扳动开合螺母接通丝杠传动或接通纵向、横向机动进给传动。

图 1-23b 所示为开合螺母闭合时的状态,这时轴 4 转过了一个角度,它的凸肩转起卡入轴 1 的键槽中,将其卡住,使其不能转动,因此横向机动进给传动不能接通。同时轴 4 凸肩底部又将球头销 5 压入轴 3 的孔中,由于球头销 5 的另一半尚留在衬套 2 中,使得轴 3 不能左右移动,即纵向机动进给传动不能接通。所以,当开合螺母接通时,纵向、横向机动进给传动不能同时接通。

图 1-23c 所示为向左扳动机动进给操控手柄的状态,这时轴 3 向右移动,轴 3 上的圆柱孔也随之偏移,轴 3 的外圆柱面顶住球头销 5 使之不能往下移动,球头销 5 的圆柱段处于衬套 2 中,而它的上端则卡在轴 4 凸肩的 V 形槽中,从而将轴 4 锁住不能转动,也就不能使开合螺母闭合。

图 1-23d 所示为向前扳动机动操控手柄的状态,这时轴 1 转过一个角度,其上的轴向长槽也随之转开而不对准轴 4 的凸肩,于是轴 4 上的凸肩被轴 1 的外圆柱顶住使之不能转动,

所以开合螺母也不能闭合。

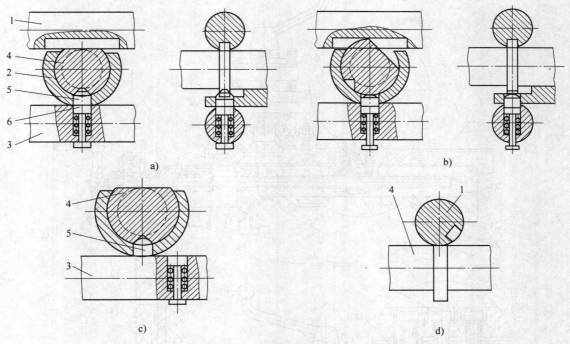

图 1-23　互锁机构工作原理图
1—横向机动进给操控轴　2—衬套　3—纵向机动进给操控轴
4—开合螺母操控轴　5—球头销　6—弹簧销

4. 刀架

　　刀架的功用是安装车刀，并由溜板带动其做纵向、横向和斜向进给运动。它由床鞍、横向溜板、转盘、刀架溜板和方刀架等组成，如图 1-24 所示。

　　（1）床鞍　床鞍 25 装在床身的 V 形导轨 M 和矩形导轨 N 上，由它们进行导向，以保证刀架纵向移动轨迹的直线度。为了防止由于切削力的作用而使刀架颠覆，在床鞍的前后侧各装有两块压板 27 和 23。利用螺钉 22 和镶条 24 可调整矩形导轨的间隙。在床鞍的前侧还装有一个活动压板 29，拧紧螺钉 28，可将床鞍锁紧在床身导轨上，以免车削大尺寸端面过程中刀架发生纵向进给，影响加工精度。

　　（2）横向溜板　横向溜板 2 装在床鞍 25 顶面的燕尾导轨上，可由横向进给丝杠 1 经螺母传动，沿导轨横向移动，燕尾导轨的间隙靠调节螺钉 14 和 12 使带有斜度的镶条 13 前后移动位置来进行调整。横向进给丝杠 1 的右端支承在滑动轴承 11 和 7 上，实现径向和轴向定位，利用螺母 9 可调整轴承的轴向间隙。机动进给时，丝杠由齿轮 10 传动旋转；手动进给时可用手柄 8 摇动。横向进给丝杠螺母机构的螺母固定在溜板 2 的底面上，它由分开的两部分 21 和 18 组成，中间用楔铁 26 隔开。当由于使用磨损使丝杠和螺母之间的间隙过大时，可将螺母 21 的紧固螺钉 20 松开，然后拧动螺钉 19 把楔铁 26 向上拉紧，依靠斜楔作用将螺母 21 向左挤，使螺母 21 和 18 与丝杠之间产生相对位移，减少螺母和丝杠的间隙，间隙调妥后，拧紧螺钉 20 将螺母 21 固定。这样，丝杠和螺母之间便不会产生相对轴向圆跳动。

　　（3）转盘　横向溜板的顶面上装有转盘 6，转盘的底面有圆柱形定心凸台，与横向溜板

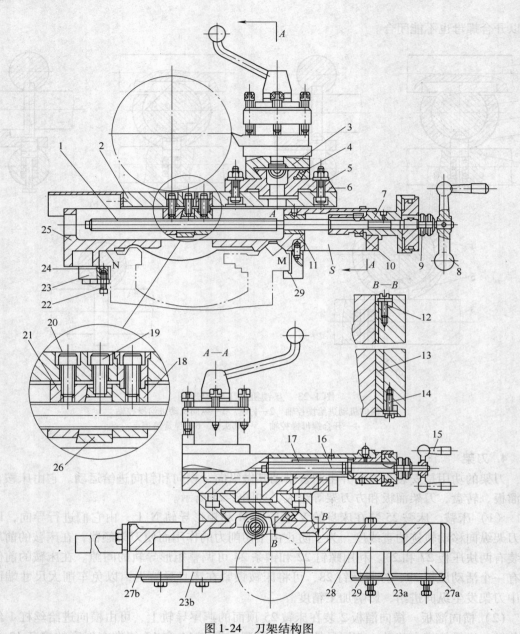

图 1-24　刀架结构图

1、16—丝杠　2—横向溜板　3—刀架溜板　4、13、24—镶条　5、12、14、19、20、22、28—螺钉
6—转盘　8、15—手柄　9、17、18、21—螺母　10—齿轮　7、11—滑动轴承
23、27—压板　25—床鞍　26—楔铁　29—活动压板

上的孔配合；松开紧固螺钉 5，转盘可绕垂直轴线扳转角度（±90°），使刀架溜板沿一定偏斜方向进给，以便车削圆锥面和内锥孔。转盘顶部的燕尾导轨上装有刀架溜板 3，可由手柄 15 经丝杠 16 和螺母 17 传动其移动。镶条 4 用于调节刀架溜板燕尾导轨的间隙。

（4）方刀架　方刀架结构如图 1-25 所示。

方刀架装在刀架溜板 3 的顶面上，以刀架溜板上的圆柱形凸台定心，用拧在轴 9 顶端螺纹上的手把 12 夹紧。方刀架可转动间隔为 90° 的四个位置，使装在它四侧的四把车刀依

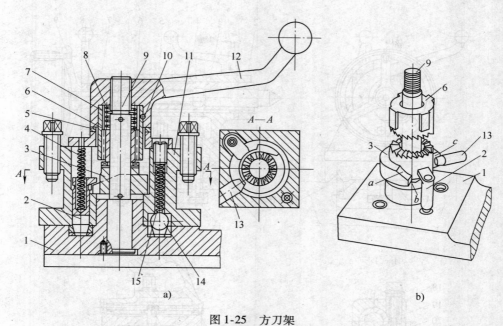

图 1-25　方刀架

a）结构简图　b）立体结构图

1—刀架溜板　2—定位销　3—凸轮　4、8、15—弹簧　5—垫圈　6—外花键套
7—内花键套　9—轴　10—销钉　11—刀架体　12—手把　13—销　14—定位钢球

次进入加工位置。

方刀架换位过程中的松夹、拔销、转位、定位以及夹紧等动作，都有手把 12 操纵。

1）松夹：逆时针转动手把 12，使其从轴 9 顶端的螺纹上拧松时，刀架体 11 便被松开。

2）拔销和转位：手把 12 在松开的同时，通过内花键套 7（用销钉 10 与手把连接）带动外花键套 6 转动，外花键套的下端有锯齿形齿爪与凸轮 3 上的端面齿啮合，因而凸轮也被带动着逆时针转动，凸轮转动时，先有其上的斜面 a 将定位销 2 从定位孔中拔出，接着其缺口的一个垂直侧面 b 与装在刀架体内的销 13 相碰，于是在手把带动下刀架体 11 一起转动，钢球 14 从定位孔中滑出，完成转位。

3）定位：当刀架转到所需位置时，钢球 14 在弹簧 15 作用下进入另一个定位孔，使刀架体先进行初定位。然后反向转动手把（顺时针方向），同时凸轮 3 也被带动着一起反转，当凸轮上斜面 a 脱离定位销 2 的钩形尾部时，在弹簧 4 作用下，定位销插入新的定位孔，使刀架实现精确定位。接着凸轮上缺口的另一垂直侧面 c 与销 13 相碰，凸轮便被挡住不再转动。

4）夹紧：手把 12 带着外花键套 6 一起继续顺时针转动，直到把刀架体压紧在刀架溜板上为止。在此过程中，由于外花键套 6 与凸轮 3 是以端面齿爪的斜面接触，因而外花键套 6 克服弹簧 8 的压力，使其齿爪在固定不动的凸轮 3 的齿爪上滑动。

修磨垫圈 5 的厚度，可调整手把 12 在夹紧方刀架后的正确停留方向。

5. 尾座

图 1-26 所示是 CA6140 型卧式车床的尾座图。

尾座安装在床身的尾座导轨上，它可以根据工件的长短调整纵向位置，位置调整妥当后用快速紧固手柄 8 夹紧，当快速手柄 8 转动时，通过偏心轴及拉杆，就可将尾座夹紧在床

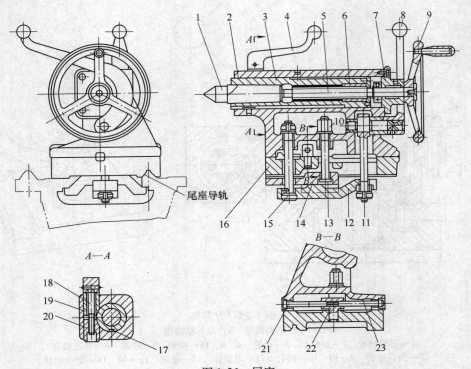

图 1-26　尾座

1—后顶尖　2—尾座体　3—尾座顶尖套　4、8—手柄　5—丝杠　6、10—螺母　7—轴承座
9—手轮　11、13、15、18—螺栓　12—拉杆　14—压板　16—底板
17—平键　19、20—套筒　21、23—调整螺栓　22—双头螺母

身导轨上；有时，为了将尾座紧固得更牢靠些，可拧紧螺母 10，这时螺母 10 通过螺栓 13 将压板 14 压紧，使尾座牢固地夹紧在床身上。

后顶尖 1 安装在尾座顶尖套 3 的锥孔中，尾座顶尖套装在尾座体 2 的圆柱孔中，并由平键 17 导向，使它只能轴向移动而不能转动；摇动手轮 9，可使尾座顶尖套 3 纵向移动，当尾座顶尖套移动到所需位置后，可用手柄 4 转动螺栓 18 以拉紧套筒 19 和 20，从而将尾座顶尖套 3 夹紧，防止它在加工中有所松动。如需卸下顶尖，可反向转动手轮 9，使尾座顶尖套 3 后退，直到丝杠 5 的左端顶住后顶尖，将后顶尖从锥孔中顶出。

在卧式车床上，也可将钻头等孔加工刀具装在尾座顶尖套的锥孔中，通过转动手轮 9、借助丝杠 5 和螺母 6 的相对转动，可使顶尖套 3 带动钻头等孔加工刀具纵向移动进行孔加工。

调整螺栓 21 和 23 可用于调整尾座体 2 的位置，即调整后顶尖与主轴的连线跟机床导轨的相对位置：当两者的连线与机床导轨平行，则机床车削圆柱面；当两者的连线与机床导轨不平行，可用于车削锥度较小的锥面。

6. 润滑系统

正确合理的润滑机床，可以减少机床相对运动件的磨损，延长机床的使用寿命，减少由于摩擦而引起的动力消耗，提高机械效率，保证机床连续正常工作。

CA6140 型车床的润滑系统包括手工润滑和集中循环润滑等。集中循环润滑是用液压泵将润滑油经油管输送到各个润滑点，并经回油管流回油箱。CA6140 型车床主轴箱及进给箱采用集中循环润滑。润滑系统结构原理如图 1-27 所示。

液压泵 3 装在左床腿上，由主电动机经 V 带带动其供油（图 1-3）。润滑油装在左床腿中的油池里，由液压泵经网式过滤器 1 吸入后，经油管 4、精过滤器 5 和油管 6 送到分油器 8 中，分油器上装有三根输油管，油管 9 和 7 分别对主轴前轴承和轴Ⅰ上的摩擦离合器进行单独供油，以保证其充分润滑和冷却。油管 10 则通向油标 11，以便于操作员观察润滑系统工作情况。

分油器 8 上还钻有很多径向油孔，具有一定压力的润滑油从油孔向外喷射时，被高速旋转的齿轮溅至各处，对主轴箱的其他传动件及操纵机构等进行润滑，从各处流回的润滑油集中在主轴箱底部，经回油管流入左床腿的油池中。

这一润滑系统采用箱外循环润滑方式，主轴箱中因摩擦而产生的热量由润滑油带至箱体外面，冷却

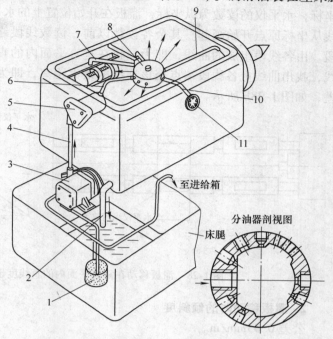

图 1-27　CA6140 型车床集中润滑系统
1—网式过滤器　2—回油管　3—液压泵　11—油标
4、6、7、9、10—油管　5—过滤器　8—分油器

后再送入箱内，因而可以降低主轴箱的温升，减少主轴箱的热变形，有利于保证机床的加工精度。此外，还可使主轴箱内的脏物及时排除，减少传动件的磨损。

第二节　车床精度检验

在车床上加工工件时，影响加工质量的因素很多，其中车床精度是一个重要方面。不同类型的车床加工不同类型的工件所能达到的车削精度各不相同，因此，掌握车床的精度及其适用范围，正确调整并保持车床的精度是加工出合格零件的前提。

车床的精度包括几何精度和工作精度等。几何精度包括车床床身导轨的精度、主轴的回转精度等。工作精度是指机床在运动状态和切削力作用下的精度，即机床在加工状态下的精度。工作精度是通过加工出试件的精度来评定的，检验项目共有 3 项：精车外圆的圆度和圆柱度、精车端面的跳动、精车螺纹的螺距精度。

一、车床几何精度的检测

1. 溜板移动在垂直平面的直线度

公差 0.02mm/m，在全部行程上只许凸起。

检验工具：精密水平仪。

检验方法：将水平仪纵向放在溜板上，靠近前导轨处，如图 1-28a 所示，从主轴箱一端极限位置开始，自左向右依次移动溜板，每隔一段（200mm）记录一次水平仪的读数。把

水平仪的读数依次排列，画出导轨在垂直平面内的直线度曲线。画图时，以导轨的长度为横坐标，水平仪的读数为纵坐标，溜板在开始位置上的水平仪读数作为第一条线段的终点，曲线从坐标原点开始画起。其余各读数以前一读数线段终点为下一段的起点，画出相应的线段。由各线段组成的曲线，即为导轨在垂直平面内的直线度曲线。作曲线起点和终点的连线，找出曲线上各线段端点至该连线的最大距离，即为导轨全长在垂直平面内的直线度误差，如图1-28b所示。

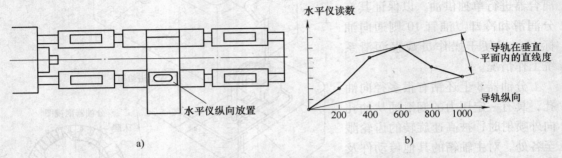

图1-28 溜板移动在垂直平面内的直线度误差测量和分析示意图

2. 溜板移动时的倾斜度

公差0.03mm/m。

检验工具：精密水平仪。

检验方法：将水平仪横向放在溜板上，如图1-29所示。溜板纵向等距离（200mm）移动，记录每一位置水平仪读数。水平仪在全部测量长度上的最大代数差就是溜板移动时的倾斜度。此测量值实际上是前后纵向导轨在垂直平面内的平行度误差。

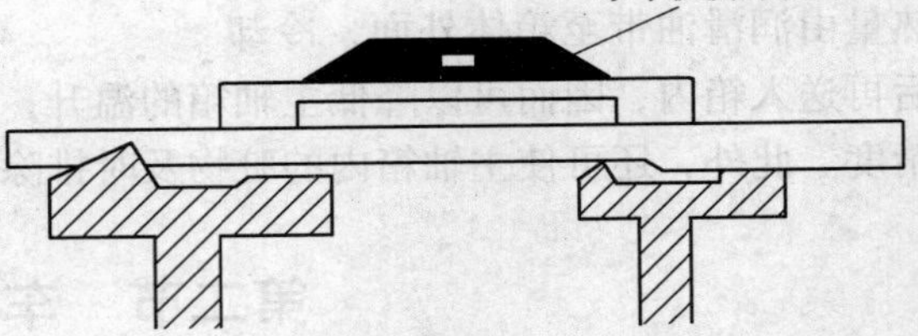

3. 溜板移动在水平面内的直线度

公差0.015mm/m。

图1-29 溜板移动时倾斜度误差测量示意图

检验工具：检验心棒、千分表、磁性表架。

检验方法：将千分表用磁性表架装在溜板上，使表头沿水平方向触及检验心棒的表面，调整尾座使千分表在检验棒两端的读数相等，如图1-30所示。纵向移动溜板，千分表沿该表面测取第一次读数后，将检验棒旋转180°测取第二次读数，再将检验棒调头，重复上述检验。四次读数的平均值为溜板移动在水平面内的直线度误差。

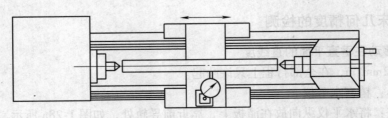

图1-30 溜板移动在水平面内的直线度误差测量示意图

4. 尾座移动对溜板移动的平行度

公差（上母线和侧母线）0.03mm/m。

检验工具：千分表（2只）、磁性表架。

检验方法：将尾座套筒伸出后，按正
常工作状态锁紧，同时使尾座尽可能靠近
溜板，把安装在溜板上的第二个千分表相
对于尾座套筒的端面调整为零，第一只千
分表表头沿垂直方向或者水平方向触及尾
座套筒的表面，如图1-31所示。溜板移动
时也要手动移动尾座直至第二个千分表的
读数为零，使尾座与溜板相对距离保持不
变。按此法使溜板和尾座全行程移动，只

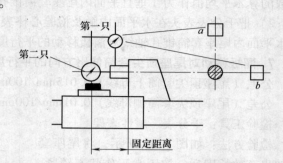

图1-31 尾座移动对溜板移动平行度误差测量示意图

要第二个千分表的读数始终为零，则第一个千分表相应指示出平行度误差；或沿行程在每隔
200mm处记录第一个千分表读数，千分表读数的最大差值即为平行度误差。

第一个千分表分别在图中 a、b 位置测量，a 方向测量的是垂直平面内尾座移动对溜板移动
的平行度误差；b 方向测量的是水平平面内尾座移动对溜板移动的平行度误差。两者需单独计。

5. 溜板移动对主轴轴线的平行度

公差（检验心棒上母线）0.03mm/300mm，检验心棒伸出端只许向上偏。

公差（检验心棒侧母线）0.015mm/
300mm，检验心棒伸出端只许向操作者偏。

检验工具：千分表、磁性表架和检验
心棒。

检验方法：如图1-32所示，将检验心棒
插在主轴锥孔内，把千分表通过磁性表架安
装在溜板（或刀架）上，然后：

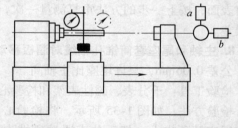

图1-32 溜板移动对主轴轴线平行度误差测量示意图

1）使千分表表头在垂直平面内触及检
验心棒表面，移动溜板，记录千分表的最大读数差值及方向；旋转主轴180°，重复测量一
次，取两次读数的算术平均值作为在垂直平面内主轴轴线对溜板移动的平行度误差。

2）使千分表表头在水平面内触及检验心棒表面，按上一步的方法重复测量一次，即得
水平面内主轴轴线对溜板移动的平行度误差。

6. 溜板移动对尾座顶尖套筒锥孔轴线的平行度

公差（检验心棒上母线和侧母线）
0.03mm/300mm。

检验工具：千分表、磁性表架和检验
心棒。

检验方法：如图1-33所示，尾座套
筒不伸出并按正常工作状态锁紧；将检验
心棒插在尾座套筒锥孔内，千分表通过磁
性表架安装在溜板（或刀架）上，然后：

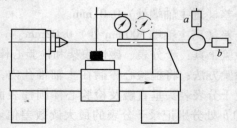

图1-33 溜板移动对尾座套筒锥孔轴线
平行度误差测量示意图

1) 把千分表表头在垂直平面内触及检验心棒表面，移动溜板，记录千分表的最大读数差值及方向；取下验棒，旋转验棒180°后重新插入尾座套筒锥孔，重复测量一次，取两次读数的算术平均值作为在垂直平面内尾座套筒锥孔轴线对溜板移动的平行度误差。

2) 把千分表表头在水平面内触及检验心棒表面，按上一步的方法重复测量一次，即得在水平面内尾座套筒锥孔轴线对溜板移动的平行度误差。

7. 溜板移动对尾座顶尖套筒伸出方向的平行度

公差（尾座顶尖套筒上母线）0.015mm/100mm，顶尖套筒端部只许向上偏。

公差（尾座顶尖套筒侧母线）0.01mm/100mm，顶尖套筒端部只许向操作者偏。

检验工具：千分表、磁性表架。

检验方法：如图1-34所示，将尾座套筒伸出有效长度后，按正常工作状态锁紧。千分表通过磁性表架安装在溜板（或刀架）上，然后：

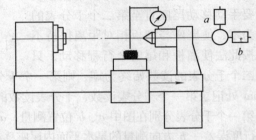

图1-34　溜板移动对尾座套筒伸出方向
平行度误差测量示意图

1) 使千分表表头在垂直平面内触及尾座套筒表面，移动溜板，记录千分表的最大读数差值及方向，即得在垂直平面内尾座套筒轴线对溜板移动的平行度误差。

2) 使千分表表头在水平面内触及尾座套筒表面，按上一步的方法重复测量一次，即得在水平面内尾座套筒轴线对溜板移动的平行度误差。

8. 主轴和尾座套筒锥孔轴线对溜板移动的不等高度

公差0.06mm，只许尾座比主轴高。

检验工具：千分表、磁性表架和检验心棒。

检验方法：如图1-35所示，将检验心棒顶在床头和尾座两顶尖上，把千分表通过磁性表架安装在溜板（或刀架）上，使千分表表头在垂直平面内垂直触及检验心棒表面，然后移动溜板至行程两端，移动横拖板，记录千分表在行程两端的最大读数值的差值，即为床头和尾座两顶尖的不等高度。测量时注意方向。

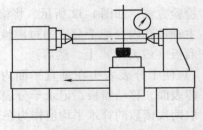

图1-35　主轴和尾座套筒锥孔轴线对溜板
移动的不等高度测量示意图

9. 主轴锥孔轴线对回转轴线的径向圆跳动

公差（近主轴端处）0.01mm。

公差（离主轴端300mm处）0.02mm。

检验工具：千分表、磁性表架和检验心棒。

检验方法：将检验心棒插在主轴锥孔内，把千分表通过磁性表架安装在机床固定部件上，使千分表表头垂直触及检验心棒圆柱表面 a 和 b 处，如图1-36所示，缓慢旋转主轴，在 a 和 b 处分别记录千分表的最大读数差值。每测一次，需要将检验心棒相对主轴孔旋转90°重新插入。在每个位置分别测量四次，取四次读数的算术平均值为主轴锥孔轴线对回转轴线的径向圆跳动误差。

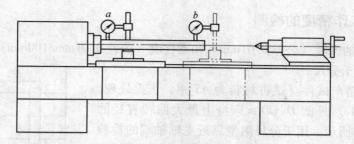

图 1-36 主轴锥孔轴线对回转轴线的径向圆跳动误差测量示意图

10. 主轴的轴向圆跳动

公差 0.01mm。

检验工具：千分表、磁性表架和专用工具。

检验方法：如图 1-37 所示，用专用装置在主轴轴线上加力 F（F 的值为消除轴向间隙的最小值），把千分表安装在机床固定部件上，然后使千分表表头沿主轴轴线触及专用装置的钢球；旋转主轴，千分表读数最大差值即为主轴的轴向圆跳动误差。

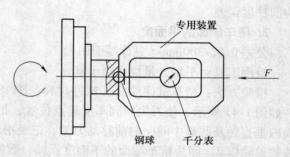

图 1-37 主轴的轴向圆跳动量测量示意图

11. 主轴轴肩支承面的轴向圆跳动

公差 0.02mm（此项精度只适用于可换卡盘的车床）。

检验工具：千分表、磁性表架和专用工具。

检验方法：如图 1-38 所示，用专用装置在主轴轴线上加力 F（F 的值为消除轴向间隙的最小值），把千分表安装在机床固定部件上，然后使千分表表头沿主轴轴线方向触及主轴轴肩支承面；旋转主轴，千分表读数最大差值即为主轴轴肩支承面的轴向圆跳动误差。

12. 主轴定心轴颈的径向圆跳动

公差 0.01mm（此项精度只适用于可换卡盘的车床）。

检验工具：千分表、磁性表架。

检验方法：如图 1-39 所示，把千分表通过磁性表架安装在机床固定部件上，使千分表表头垂直于主轴定心轴颈并触及主轴定心轴颈；缓慢旋转主轴，千分表读数最大差值即为主轴定心轴颈的径向圆跳动误差。

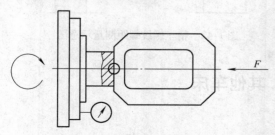

图 1-38 主轴轴肩支承面的轴
向圆跳动误差测量示意图

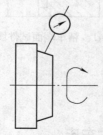

图 1-39 主轴定心轴颈的径向
圆跳动误差测量示意图

二、车床工作精度的检测

1. 精车外圆的圆度（公差 0.01mm）**和圆柱度**（公差 0.01mm/100mm）

检测工具：千分尺。

检验方法：精车试件（试件材料为 45 钢，正火处理，刀具材料为 YT30）外圆 D（D ≥ 床身上最大回转直径的 1/8），如图 1-40 所示，用千分尺测量靠近主轴轴端的检验试件的半径变化，取半径变化最大值近似作为圆度误差；用千分尺测量每一个环带直径之间的变化，取最大差值作为圆柱度误差。

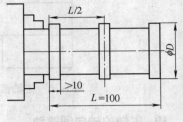

图 1-40　精车外圆试件图

2. 精车端面的平面度

公差 0.02/300mm（只许端面凹）。

检测工具：平尺、量块或指示器。

检验方法：精车试件端面（试件材料：HT150，180 ~ 200HBW；刀具材料：YG8），试件如图 1-41 所示，使刀尖回到车削起点位置，把指示器安装在刀架上，指示器测头在水平面内垂直触及圆盘中间，向前移动刀架，记录指示器的读数及方向；用终点时读数减起点时读数差除以 2，即为精车端面的平面度误差；数值为正，则平面是凹的。

3. 精车螺纹的螺距精度

公差 0.04mm/100mm、0.06mm/300mm。

检测工具：丝杠螺距测量仪。

检验方法：取直径尽可能接近丝杠直径的铸铁试件，精车和丝杠螺距相等的三角螺纹，螺纹部分长度 L = 300mm，如图 1-42 所示。用专用检验工具——丝杠螺距测量仪检验螺距累积误差。

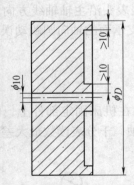

图 1-41　精车端面试件图

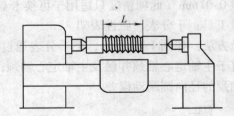

图 1-42　精车螺纹螺距测量示意图

第三节　其他车床

一、立式车床

立式车床主要用于加工径向尺寸大而轴向尺寸相对较小且形状比较复杂的大型或重型零

件。立式车床是汽轮机、水轮机、重型电动机、矿山冶金等重型机械制造厂不可缺少的加工设备，在一般机械制造厂中使用也很普遍。

立式车床结构布局上的特点是主轴垂直布置，并有一个直径很大的圆形工作台，供安装工件使用。工作台台面处于水平位置，因而笨重工件的装夹和找正比较方便。由于工件及工作台的重量由床身导轨或推力轴承承受，大大减轻了主轴及其轴承的载荷，因此比较容易保证加工精度。

立式车床分单立柱车床和双立柱车床两种，如图 1-43 所示。单立柱车床加工直径一般小于 1600mm，双立柱车床加工直径一般大于 2000mm，重型立式车床其加工直径可超过 25000mm。

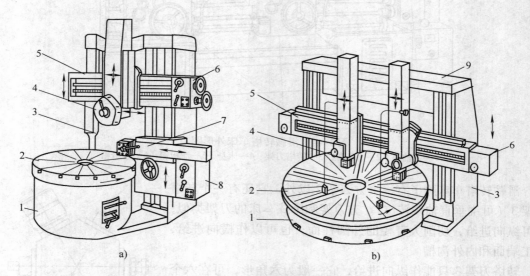

图 1-43　立式车床外形图

1—底座　2—工作台　3—立柱　4—垂直刀架　5—横梁　6—垂直刀架进给箱
7—侧刀架　8—侧刀架进给箱　9—顶梁

单立柱车床具有一个箱式立柱，与底座固定地连成一整体，构成机床的支承骨架。工作台装在底座的环形导轨上，工件安装在它的上面，由它带动绕着垂直轴线旋转，完成主运动。在立柱的垂直导轨上装有横梁和侧刀架，在横梁的水平导轨上装有一个垂直刀架。垂直刀架可沿横梁水平导轨移动作横向进给，沿刀架滑座的导轨移动作垂直进给。刀架滑座可左右扳转一定角度，以便刀架作斜向进给。因此垂直刀架可用来完成车内外圆柱面、内外圆锥面、切端面以及切沟槽等工序。侧刀架可以完成车外圆、切端面、切沟槽和倒角等工序。垂直刀架和侧刀架的进给运动，或者由主运动链传来，或者由装在进给箱上的单独电动机传动。两个刀架在进给运动方向上都能作快速调位移动，以完成快速趋近、快速退回和调整位置等辅助运动。横梁连同垂直刀架一起，可沿立柱垂直导轨上下移动，以适应加工不同高度工件的需要。横梁移至所需位置后，可手动或自动夹紧在立柱上。

双立柱立式车床具有两个立柱，它们通过底座和上面的顶梁连成一个封闭式框架。横梁上通常装有两个垂直刀架，右立柱的垂直导轨上装有一个侧刀架。

二、滑鞍转塔车床

滑鞍转塔车床的外形如图 1-44 所示。

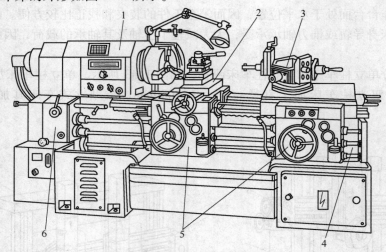

图 1-44　滑鞍转塔车床外形图
1—主轴箱　2—方刀架　3—转塔刀架　4—床身　5—溜板箱　6—进给箱

滑鞍转塔车床除了有一个方刀架 2 以外，它还有一个转塔刀架 3（可绕垂直轴线转位）。方刀架和卧式车床的刀架类似，既可纵向进给，切削大直径的外圆柱面，也可以作横向进给，加工端面和内外沟槽。

转塔刀架 3 只能作纵向进给，它一般为六角形，可在六个面上各安装一把或者一组刀具，如图 1-45 所示。

为了在转塔刀架上安装各种刀具以进行多刀切削，需采用各种辅助工具，如图 1-46 所示。转塔刀架用于车削内外圆柱面，钻、扩、铰、镗孔、攻螺纹和套螺纹等。转塔刀架设有定程机构。

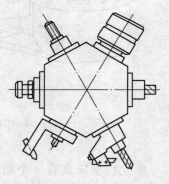

图 1-45　转塔刀架刀具安装

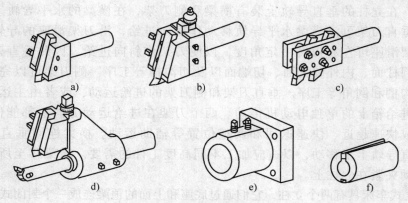

图 1-46　转塔刀架辅助工具
a）单刀刀杆　b）可调式单刀刀杆　c）多刀刀杆　d）复合刀杆　e）装刀座　f）夹紧套

加工过程中当刀架到达预先调定的位置时，可自动停止进给或快速返回原位。方刀架和转塔刀架各由一个溜板箱来控制它们的运动。

三、铲齿车床

铲齿车床是一种专门化车床，用于铲削成形铣刀、齿轮滚刀、丝锥等刀具的后刀面（刀齿齿背），使其获得所需的刀刃形状和具有一定后角。

铲齿车床的外形和卧式车床类似，它没有进给箱和光杠，刀架的纵向机动进给只能用丝杠传动，进给量的大小由交换齿轮进行调整。刀架可在垂直于、平行于或倾斜于主轴轴线方向作直线往复运动，完成径向、轴向或斜向的铲齿运动。铲齿运动由凸轮传动，凸轮转一转，刀架完成一次往复运动。凸轮与主轴之间由传动链联系，通过调整交换齿轮，可使它们保持一定运动关系。

铲削齿背时，工件（刀具毛坯）通过心轴装夹在机床的前后顶尖上，由主轴带动旋转；铲齿刀装在刀架上，由凸轮传动沿工件径向往复移动，如图 1-47 所示。

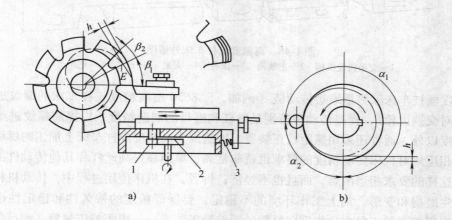

图 1-47 铲齿原理
a）铲齿运动 b）凸轮形状
1—从动轮 2—凸轮 3—弹簧

图 1-47 所示为一个刀齿开始铲削时的情况：凸轮 2 的上升曲线推动从动轮 1，使刀架带着铲刀向工件中心切入，从齿背上切下一层金属。当凸轮转过角度 α_1，工件相应地转过角度 β_1 时，铲刀铲至刀齿齿背延长线上的 E 点，一个刀齿齿背铲削完毕。接着从动销与凸轮的下降曲线接触，刀架在弹簧 3 作用下带着铲刀迅速后退，当凸轮转过角度 α_2，工件转过角度 β_2 时，铲刀退至起始位置，这时，下一刀齿的前刀面转至水平位置，铲刀又开始切入，重复上述过程。由上述可知，工件每转过一个刀齿，凸轮转一转，铲刀往复运动一次。若工件有 z 个刀齿，则工件每转一转，凸轮应转 z 转。铲削时铲刀径向切入工件的深度为 h，其大小等于凸轮曲线的升程。铲削后所得到的齿背形状，决定于凸轮工作曲线（即上升曲线）的形状。常用的凸轮工作曲线是阿基米德螺旋线。由于齿背的加工余量大且不均匀，需分几次在工件转动中逐步切除，如图 1-47a 右上角附图所示。因此，工件每转一转后，铲刀应周期地切入一定深度，直至达到所需要的形状和尺寸为止。

四、高精度丝杠车床

高精度丝杠车床用于非淬硬精密丝杠的精加工，所加工的螺纹精度可达 6 级或更高，表面粗糙度可达 $Ra0.32 \sim 0.63\mu m$。这种机床的总布局与卧式车床相似，如图 1-48 所示。但它没有进给箱和溜板箱，联系主轴和刀架的螺纹进给传动链的传动比由交换齿轮保证，刀架由装在床身前后导轨之间的丝杠经螺母传动。

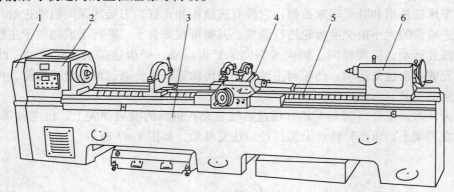

图 1-48　高精度丝杠车床外形图
1—交换齿轮机构　2—主轴箱　3—床身　4—刀架　5—丝杠　6—尾座

高精度丝杠车床除尽量缩短传动链（例如，SG8630 型高精度丝杠车床的螺纹进给传动链只有两对交换齿轮），提高传动件特别是丝杠和螺母的制造精度，以提高螺纹进给传动链的传动精度以外，通常还采用螺距校正装置，这是因为高精度丝杠车床上加工的螺纹精度要求很高，相应地对机床传动精度的要求也就非常高，单纯靠提高丝杠和其他传动件的制造精度来达到这样的要求相当困难，而且也不经济；再者，在机床使用过程中，传动机构不可避免地要产生磨损和变形，加上工作环境的不稳定，要保证精度的持久性和稳定性也是困难的。因此采用按误差正负变化作反向补偿的误差校正装置——螺距校正装置，则可使机床大部分传动件按经济加工精度制造的条件下，有效地提高传动精度，并保持良好的精度稳定性。

螺距校正装置的工作原理如图 1-49 所示。

校正尺固定在床身上，校正尺工作面的曲线形状，是根据传动丝杠 6 各处的实际误差按比例放大后制成的，即尺面各曲线段的凹凸量与丝杠相应位置上的螺距误差值相对应。螺母 5 装在刀架的床鞍上，相对于床鞍轴向固定而周向可以自由摆动。弹簧 4 力图使螺母摆动，经齿轮副 $Z1$ 和 $Z2$ 以及杠杆 3，使推杆 2 始终抵紧在校正尺尺面上。当丝杠经螺母带动床鞍轴向移动时，推杆的前端沿尺面滑动。根据校正尺尺面凹凸变化情况，推杆传动螺母 5 作相应地周向摆动，使床鞍得到附加的纵向位移，此附加位移刚好补偿丝杠的螺距误差，从而使刀架与主轴能保持准确的运动关系。

螺距校正装置还能校正因机床丝杠本身的累积误差和工件在加工过程中因热变形等因素所产生的累积误差。校正累积误差的方法是将校正尺相对丝杠轴线偏转一定角度 β（见图 1-49），结果在距离校正尺偏转中心 L 处，校正尺尺面产生位移 $h = L\tan\beta$，从而使床鞍产生附加位移量，该附加位移量应等于丝杠在长度 L 范围内的累积误差。实际应用时，由于 β

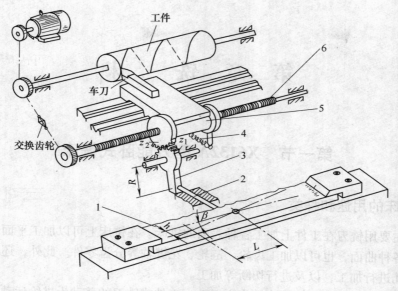

图 1-49 螺距校正装置工作原理图
1—校正尺 2—推杆 3—杠杆 4—弹簧 5—螺母 6—传动丝杠

值不易测量准确，而 h 值可用千分表很容易测得，所以通常被用来准确地表征校正尺的偏转位置。

复习思考题

1. 说出下列机床型号的含义：

CA6140 X6132 M1432A Z3040×16 XK5032 Y3150E CK7525

2. 分析 CA6140 型车床进给箱中基本组八种传动比和增倍组四种传动比的特点。

3. CA6140 型车床各主要部件，如主轴箱、进给箱、溜板箱及刀架部件的功用是什么？

4. 为什么 CA6140 型车床主轴箱的运动输入轴（Ⅰ轴）采用卸荷带轮结构？说明转矩是如何传递到Ⅰ轴的？

5. CA6140 型车床主轴前后轴承的间隙是如何调整的？作用在主轴轴向上的力是如何传递到箱体上的？

6. 为什么 CA6140 型车床溜板箱中设置互锁机构？试述互锁机构的工作原理。

7. CA6140 型车床上的快速电动机可以随意正反转吗？说明理由。

8. 试分析 CA6140 型车床出现下列现象的原因并指出解决的方法：

1）CA6140 型车床在正常工作中安全离合器自行打滑。

2）CA6140 型车床在正常工作中产生"闷车"现象。

3）扳转主轴开停和换向操纵手柄十分费力，甚至不能稳定地停留在终点位置上。

4）扳转主轴开停和换向操纵手柄到中点位置时，主轴不能迅速停转。

9. 车削圆柱体工件后外径发生椭圆及棱圆的故障原因及排除方法有哪些？

10. CA6140 型车床车外圆时，圆柱度超差的原因及排除方法有哪些？

第二章 铣 床

第一节 X6132A 型万能卧式铣床

一、铣床的用途和种类

铣床是主要用铣刀在工件上加工各种表面的机床。在铣床上可以加工平面、沟槽、螺旋形表面以及各种曲面，也可以加工齿轮、链轮、花键轴等分齿零件。此外，还可用于对回转体表面及内孔进行加工，以及进行切断等加工。

通常，在铣削加工中，铣刀旋转为主运动，工件或铣刀的移动为进给运动。由于铣刀的转速较高又是多刃切削，所以铣床的生产效率较高；但由于铣刀每个刀齿的切削过程是断续的，切削加工中容易引发机床振动，为此，要求铣床具有较高的刚性和抗振性。

铣床的类型很多，主要类型有卧式升降台铣床、立式升降台铣床、龙门铣床、工具铣床，此外还有仿形铣床、仪表铣床和各种专门化铣床（键槽铣床、曲轴铣床）等。下面主要以 X6132A 型万能卧式升降台铣床为例来分析铣床的组成及运动。

二、X6132A 型铣床总体布局和组成部件

X6132A 型铣床总体布局如图 2-1 所示。

在机床的底座上固定着竖立着的床身，用以安装和支承其他部件。床身内装有主轴组

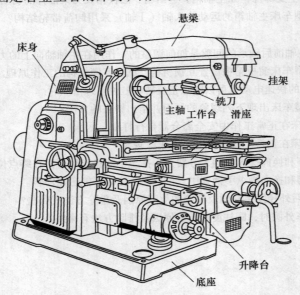

图 2-1 X6132A 型铣床总体布局

件、主传动装置及其变速操控机构。

悬梁安装在床身顶部，可沿燕尾导轨移动，以调整工作位置。悬梁上的刀杆挂架用以支承刀杆，以提高其刚性。

升降台安装在床身前侧的垂直导轨上，可上下移动。升降台内安装有进给运动传动装置及其操控机构。

升降台的水平导轨上装有滑座，可沿主轴轴线方向做横向移动，滑座上装有回转盘，回转盘上面的燕尾导轨上装有工作台。因此，工作台除了纵向移动外，还可通过滑座做横向移动以及通过升降台做垂直方向上的移动，并借助回转盘可绕垂直轴线在±45°范围内调整角度，如图2-2所示。

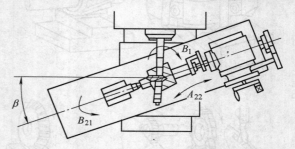

图 2-2　水平工作台工艺调整示意图

机床的集中变速操控手柄和电器开关，装在机床的左侧和升降台的前面，因为机床工作台有纵向、横向和垂直三个方向上的机动进给和快速运动，并可手动调整，所以观察加工操作进程极为方便。由于进给电动机、进给箱和工作台等都装在升降台上，重量大，同时升降台又是悬臂安装在床身上的，所以升降台刚性较差。

三、X6132A 型铣床的主要技术参数

工作台尺寸（长×宽）	1250mm×320mm
工作台最大行程	
纵向	800mm
横向	300mm
垂直	400mm
主轴转速范围（18 级）	30～1500r/min
主轴孔径	29mm
主轴轴线到工作台面间距离	30～430mm
主轴轴线到悬梁间距离	155mm
床身垂直导轨到工作台面中心距离	215～515mm
刀杆直径（3 种）	22mm、27mm、32mm
进给范围（21 级）	
纵向	10～1000mm/min
横向	10～1000mm/min
垂直	3.3～333mm/min
快速进给量	
纵、横向	2300mm/min
垂直方向	766.6mm/min
主电动机	7.5kW　1450r/min
进给电动机	1.5kW　1410r/min

机床外形尺寸（长×宽×高）　　　　　2255mm×1740mm×1615mm

四、X6132A 型铣床主要工艺用途

X6132A 型铣床主要工艺用途如图 2-3 所示。

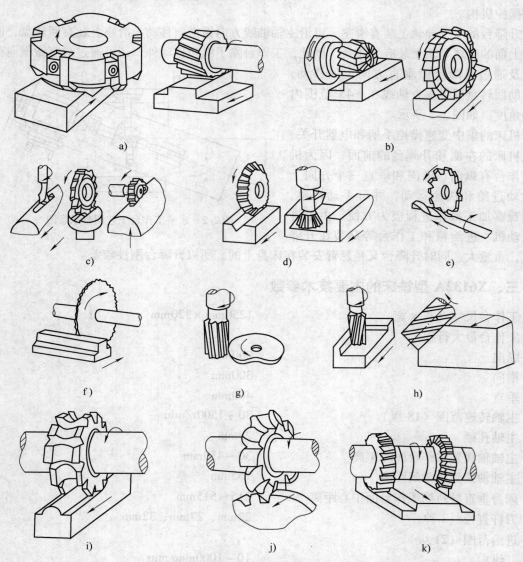

图 2-3　X6132A 型铣床主要工艺用途

a）铣平面　b）铣台阶　c）铣槽　d）铣成形槽　e）铣螺旋槽
f）切断　g）铣凸轮　h）铣斜面　i）铣成形面　j）铣齿轮　k）组合铣刀铣台阶

五、X6132A 型铣床传动系统

1. 主运动传动链

图 2-4 所示为 X6132A 型万能卧式铣床的传动系统图，其左边部分为主运动传动链。

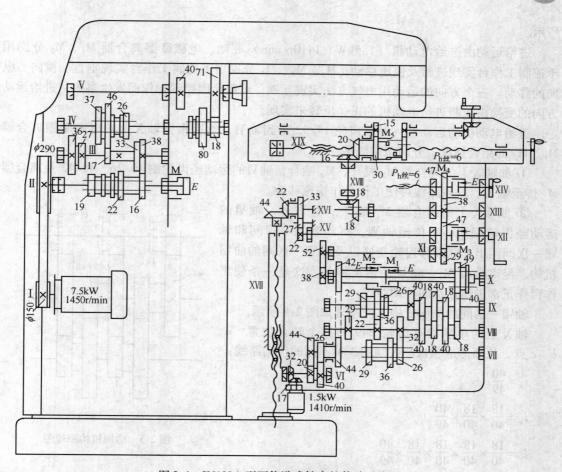

图 2-4 X6132A 型万能卧式铣床的传动系统图

主电动机和主轴是主运动传动链的两个末端件。主运动由主电动机（7.5kW、1450r/min）驱动，经 φ150mm/φ290mm 带轮传至轴 Ⅱ，再经轴 Ⅱ—Ⅲ、轴 Ⅲ—Ⅳ间的两组三联滑移齿轮传动，以及轴 Ⅳ—Ⅴ（主轴）间的双联齿轮传动，使主轴具有 30～1500r/min 的共 18 级转速。

主轴的旋转方向由主电动机的正、反转来变换。主轴的制动则由轴 Ⅱ 上的电磁制动器 M 进行控制，停车后，多片式电磁制动器 M 线圈接通直流电源，使主轴迅速而又平稳地停止转动。

主运动传动路线表达式如下：

$$电动机\left(\begin{matrix}7.5kW\\1450r/min\end{matrix}\right)-I\frac{\phi150}{\phi290}II-\begin{bmatrix}\frac{19}{36}\\\frac{22}{33}\\\frac{16}{38}\end{bmatrix}-III-\begin{bmatrix}\frac{17}{46}\\\frac{27}{37}\\\frac{38}{26}\end{bmatrix}-IV-\begin{bmatrix}\frac{80}{40}\\\frac{18}{71}\end{bmatrix}-主轴 V$$

2. 进给运动传动链及工作台快速移动传动链

进给运动传动链的两个末端件是进给电动机和工作台。其传动关系如图 2-4 中右边部分所示。

进给运动由进给电动机（1.5kW、1410r/min）驱动。电磁摩擦离合器 M_1、M_2 分别用于控制工作台实现进给及快速移动；M_3、M_4、M_5 分别用于控制工作台实现垂直、横向、纵向的移动。三个方向的运动用电气方法实现互锁，可避免因错误操作而发生事故。进给运动方向的变换由控制进给电动机的正、反转来实现。

进给电动机的运动经一对锥齿轮 17/32 传到轴Ⅵ，然后根据轴Ⅹ上的电磁摩擦离合器 M_1、M_2 的结合情况，分两条路线传动：

① 如轴Ⅹ上的离合器 M_1 脱开、M_2 啮合，轴Ⅵ的运动经齿轮副 40/26、44/42 及离合器 M_2 传至轴Ⅹ，这条路线可使工作台作快速移动。

② 如轴Ⅹ上的离合器 M_1 啮合、M_2 脱开，轴Ⅵ的运动经齿轮副 20/44 传至轴Ⅶ，再经轴Ⅶ—Ⅷ间和轴Ⅷ—Ⅸ间两组三联滑移齿轮变速以及轴Ⅷ—Ⅸ间的曲回机构，经离合器 M_1，将运动传至轴Ⅹ。这是一条使工作台作正常进给运动的传动路线。

轴Ⅷ—Ⅸ间的曲回机构工作原理如图 2-5 所示。

轴Ⅹ上的单联滑移齿轮 $Z49$ 有三个啮合位置：a、b、c 点，从而形成轴Ⅸ—Ⅹ间的 3 种不同的传动路线：

$$i_a = \frac{40}{49}$$

$$i_b = \frac{18}{40} \times \frac{18}{40} \times \frac{40}{49}$$

$$i_c = \frac{18}{40} \times \frac{18}{40} \times \frac{18}{40} \times \frac{18}{40} \times \frac{40}{49}$$

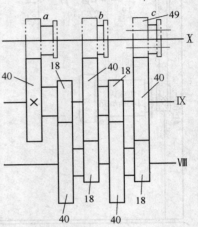

图 2-5　曲回机构原理图

轴Ⅹ的运动可经离合器 M_3、M_4、M_5 以及相应的后续传动路线，使工作台分别得到垂直、横向和纵向的移动。

进给运动的传动路线表达式为：

$$
\begin{pmatrix}
\text{电动机} \\
1.5\text{kW} \\
1410\text{r/min}
\end{pmatrix}
\frac{17}{32} - Ⅵ
\begin{bmatrix}
\dfrac{20}{44} - Ⅶ - \begin{bmatrix}\dfrac{29}{29}\\[4pt]\dfrac{36}{22}\\[4pt]\dfrac{26}{32}\end{bmatrix} - Ⅷ - \begin{bmatrix}\dfrac{29}{29}\\[4pt]\dfrac{22}{36}\\[4pt]\dfrac{32}{26}\end{bmatrix} - Ⅸ - \begin{bmatrix}\dfrac{40}{49}\\[4pt]\dfrac{18}{40}\times\dfrac{18}{40}\times\dfrac{40}{49}\\[4pt]\dfrac{18}{40}\times\dfrac{18}{40}\times\dfrac{18}{40}\times\dfrac{18}{40}\times\dfrac{40}{49}\end{bmatrix} - M_1\,合\;\text{（工作进给）}\\[30pt]
\dfrac{40}{26}\times\dfrac{44}{42} - M_2\,合\;\text{（快速移动）}
\end{bmatrix}
$$

$$
Ⅹ - \frac{38}{52} - Ⅺ - \frac{29}{47}
\begin{bmatrix}
\dfrac{47}{38} - ⅩⅢ - \begin{bmatrix}\dfrac{18}{18} - ⅩⅧ - \dfrac{16}{20}M_5\,合 - ⅩⅨ\;\text{（纵向进给）}\\[6pt]\dfrac{38}{47}M_4\,合 - ⅩⅣ\;\text{（横向进给）}\end{bmatrix}\\[20pt]
M_3\,合 - Ⅺ - \dfrac{22}{27} - ⅩⅤ - \dfrac{27}{33} - ⅩⅥ - \dfrac{22}{44} - ⅩⅦ\;\text{（垂直进给）}
\end{bmatrix}
$$

由传动路线表达式可知，铣床在相互垂直的三个方向，理论上均可获得 $3 \times 3 \times 3 = 27$ 种进给量。但因轴Ⅶ—Ⅸ间的两组三联滑移齿轮变速组的 9 种传动比中，有三种是相等的，即

$$\frac{26}{32} \times \frac{32}{26} = \frac{29}{29} \times \frac{29}{29} = \frac{36}{22} \times \frac{22}{36} = 1$$

所以，实际上这两个变速组只有 7 种不同的传动比，因此，轴 X 只有 $7 \times 3 = 21$ 种不同的转速，从而使三个进给方向的进给量也只有 21 级。

六、X6132A 型铣床主要部件结构

（一）主轴箱及主轴组件

1. 主轴箱结构

X6132A 型万能卧式铣床主轴箱与床身做成一体，支承并容纳主轴、各传动轴以及操纵机构。如图 2-6 所示。主轴、各传动轴和操纵机构都装在床身内，床身有足够的空间可以合理地布置各运动部件。因此，X6132A 型万能卧式铣床主轴箱中，主轴和各传动轴布置在一个竖直的平面上，并且，箱体上各轴承孔都镗成通孔，这样安排的目的就是使床身大件加工简单、装配方便。

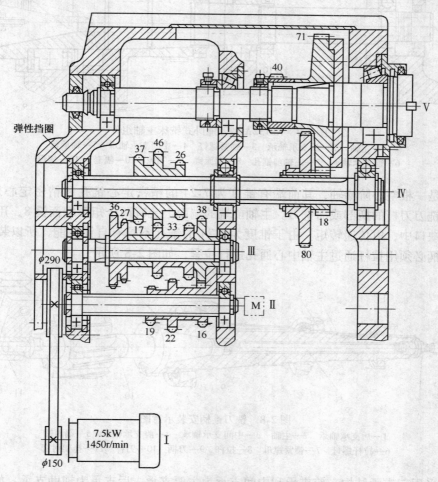

图 2-6　X6132A 型万能卧式铣床主轴变速箱传动系统结构

主轴箱内，各传动轴都用径向滚动轴承作为支承（一端固定、一端游动的支承方式）：

左端轴承外圈和孔之间，用孔用弹性挡圈夹轴承外圈作轴向固定；左、右两端轴承内圈和轴之间，一面靠在轴肩上，另一面用轴用弹性挡圈夹轴承内圈将其固定在轴上。右端轴承外圈和孔之间，轴向不加以固定，允许轴受热后右端自由伸长。这样的支承结构简单，装配也比较方便。

2. 主轴组件

主轴的作用是安装和带动铣刀旋转。由于铣削是断续切削，切削力周期变化容易引起机床振动，所以要求主轴有较高的刚性和抗振性。主轴组件的结构如图2-7所示。

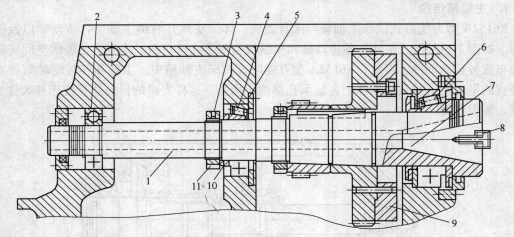

图 2-7　X6132A 型万能卧式铣床主轴组件
1—主轴　2—后支承轴承　3—锁紧螺钉　4—中间支承轴承　5—轴承盖
6—前支承轴承　7—主轴前锥孔　8—端面键　9—飞轮　10—隔套　11—螺母

主轴是一根空心阶梯轴，其前端有锥度为 7:24 的精密定心锥孔和精密定心外圆柱面，用来安装铣刀刀杆的柄部或面铣刀。主轴前端的端面上装有两个矩形端面键 8，用于嵌入铣刀柄部的缺口中，以传递转矩。由于锥度为 7:24 的锥孔不具有自锁性能，所以装入主轴锥孔内的刀柄必须用拉杆通过主轴中心通孔进行拉紧，如图 2-8 所示。

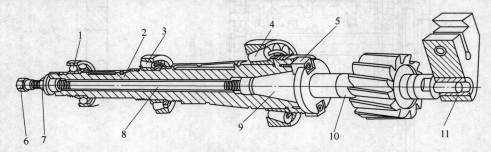

图 2-8　铣刀锥柄安装示意图
1—后支承轴承　2—主轴　3—中间支承轴承　4—前支承轴承　5—端面键
6—拉杆螺母　7—锁紧螺母　8—拉杆　9—刀柄　10—刀杆　11—挂架衬套

主轴采用三支承结构，前支承和中间支承为主要支承，后支承为辅助支承。如图 2-7 所示，前支承采用 D 级精度的圆锥滚子轴承 6，用以承受径向力和向左的轴向力。中间支承采用 E 级精度的圆锥滚子轴承 4，承受径向力和向右的轴向力。后支承用 G 级精度的单列深沟球轴承 2,仅承受径向力。主轴的工作精度主要由前支承和中间支承保证,后支承只起辅助作用。

调整轴承间隙时,要移开悬梁,拆下盖板,松开锁紧螺钉 3,然后用专用扳手钩住锁紧螺母 11,利用端面键 8 顺时针方向扳动主轴,通过螺母 11 使中间轴承 4 的内圈向右移动,以消除间隙;并使主轴左移,前轴承 6 的内圈被主轴轴肩带动也左移,从而消除了轴承 6 的间隙。调整后要拧紧螺母 11,并保证主轴在最高转速下运转 1h,轴承温度不超 60℃。

由于主轴有三个支承,它们之间的跨度较小,轴的直径又较大,所以主轴有足够的刚性和抗振性。另外,在主轴大齿轮上用螺钉和定位销钉紧固了飞轮 9(见图 2-7),在切削中,可使主轴运转平稳,以减轻断续切削所引起的振动;同时,也有利于提高铣刀寿命和改善工件的加工质量。

主轴及其传动件的润滑是由轴Ⅲ右端上的偏心轮带动柱塞泵供油的。

（二）孔盘变速操控机构

X6132A 型万能卧式铣床的主运动和进给运动的变速操纵机构都采用了孔盘变速操纵机构来控制。孔盘变速操控机构控制三联滑移齿轮的工作原理如图 2-9 所示。

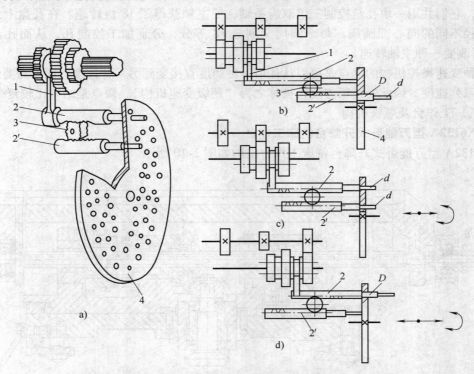

图 2-9 孔盘变速操控机构控制三联滑移齿轮的工作原理图
1—拨叉 2、2′—齿条轴 3—齿轮 4—孔盘

拨叉 1 固定在齿条轴 2 上,齿条轴 2 和 2′与齿轮 3 啮合。齿条轴 2 和 2′的右端是具有不同直径 D 和 d 的圆柱体阶梯轴。孔盘上对应齿条轴 2 和 2′的位置加工了 ϕD 大孔和 ϕd 小孔及未加工孔,根据变速的需要,加以调配。

变速时,先将孔盘右移,和齿条轴 2 和 2′脱离接触,然后根据变速要求,转动孔盘一定的角度，再使孔盘左移复位。孔盘在复位过程中，可通过孔盘上对应齿条轴处为大孔、小孔、无孔的不同状态，而使滑移齿轮获得左、中、右三种不同的位置，从而达到变速的目的。

三联滑移齿轮的三种工作状态为：

1）孔盘上对应齿条轴 2 的位置上无孔，而对应齿条轴 2′ 的位置开大孔。孔盘复位时，向左顶齿条轴 2，并通过拨叉 1 将三联滑移齿轮推到左位。齿条轴 2′ 则在齿条轴 2 及小齿轮 3 的共同作用下右移，台阶 D 穿过孔盘上的大孔，为下一步的变速作准备，如图 2-9b 所示。

2）孔盘对应齿条轴 2 和 2′ 的位置均为小孔，孔盘复位时，两齿条轴均被孔盘推到中间位置，从而控制拨叉 1 拉动滑移齿轮到中位，如图 2-9c 所示。

3）孔盘上对应齿条轴 2 的位置是大孔，对应齿条轴 2′ 的位置无孔。孔盘复位时，推动齿条轴 2′ 左移，通过小齿轮 3 使齿条轴 2 右移，从而控制拨叉 1 拉动滑移齿轮到右位，如图 2-9d 所示。

对于双联滑移齿轮，齿条轴（2 根及小齿轮）只需一个台阶，孔盘上（对应有孔/无孔）即可完成滑移齿轮左右两个工作位置的定位。

X6132A 型万能卧式铣床的主运动传动链中有两个三联滑移齿轮和一个双联滑移齿轮需要调控，它们共用一块孔盘控制三组双齿条轴，使主轴获得了 18 级转速。在孔盘上划分了三组直径不同的同心圆圆周，每个圆周又划分 18 等分，分别加工控制孔，从而孔盘每转 20°就可改变一种主轴转速。

这种变速操控机构的优点是可以从任何一种速度直接变到另一种速度，而不需要经过中间的一系列速度，因此变速很方便，被称之为"超级变速机构"。缺点是结构比较复杂。

（三）工作台及顺铣机构

1. X6132A 型万能卧式升降台铣床工作台

X6132A 型万能卧式升降台铣床工作台结构如图 2-10 所示。

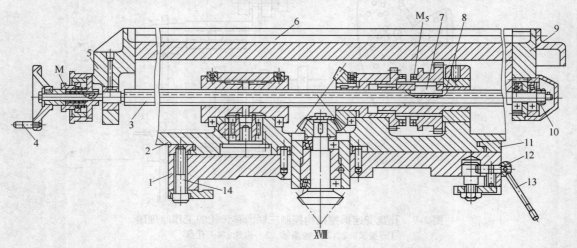

图 2-10　X6132A 型万能卧式升降台铣床工作台结构

1—床鞍　2—回转盘　3—纵向进给丝杠　4—手轮　5—前支架　6—工作台　7—滑键
8—花键套筒　9—后支架　10—螺母　11—压板　12—偏心轴　13—手柄　14—螺栓

床鞍 1：与升降台用矩形导轨（图中未画出）相配合，使工作台在升降台导轨上作横向移动。工作台不作横向移动时，可通过手柄 13 经偏心轴 12 的作用将床鞍夹紧在升降台上。

回转盘 2：左端安装有双螺母结构，右端装有带端面齿的空套锥齿轮。

工作台 6：可沿回转盘 2 上的燕尾形导轨作纵向移动。工作台 6 连同回转盘 2 一起可绕锥齿轮的轴线 XⅧ 回转 ±45°，并可利用螺栓 14 和两块弧形压板 11 将它们固定在床鞍 1 上。

纵向进给丝杠 3：一端通过滑动轴承支承在前支架 5 上，另一端通过圆锥滚子轴承和推力球轴承支承在后支架 9 上。轴承的间隙可通过螺母 10 进行调整。纵向进给丝杠 3 的左端空套有手轮 4，将手轮向前推进，压缩弹簧使端面齿离合器啮合，便可手摇工作台纵向移动。纵向进给丝杠 3 的右端有带键槽的轴头，可以安装配换交换齿轮，用于与分度头连接。

离合器 M_5：用花键与花键套筒 8 相连，而花键套筒 8 又通过滑键 7 与铣有长键槽的进给丝杠相连。因此，当 M_5 左移与空套锥齿轮的端面齿啮合，轴 XⅧ 的运动就可由锥齿轮副、离合器 M_5、花键套筒 8、滑键 7 传至进给丝杠，使其转动。由于双螺母既不能转动也不能轴向移动，所以丝杠在旋转的同时又做轴向移动，从而带动工作台 6 作纵向进给。

2. 顺铣机构

铣床在进行切削时，如果进给方向与切削力 F 的水平分力 F_x 方向相反，称为逆铣（见图 2-11a）；如果进给方向与切削力 F 的水平分力 F_x 方向相同，称为顺铣（见图 2-11b）。

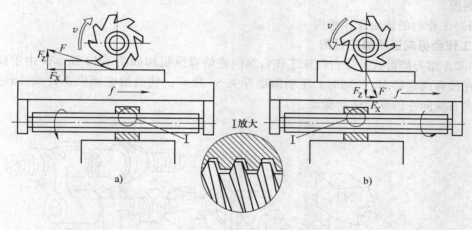

图 2-11 顺铣和逆铣

丝杠螺母机构使用一定时间后，由于磨损会产生间隙。当铣床采用顺铣加工工件时，水平方向的切削分力与进给方向一致，会使工作台产生窜动，甚至"打刀"。为了解决顺铣时工作台轴向窜动的问题，X6132A 型铣床工作台采用了双螺母机构（顺铣机构），如图 2-12 所示。

冠状齿轮 4 与左螺母 1 和右螺母 2 的齿面同时啮合。齿条 5 在调压弹簧 6 的作用下右移，使冠状齿轮 4 按箭头方向旋转，并通过左螺母 1 和右螺母 2 的外圆齿轮使两者做相反方向转动（图 2-12 中箭头所示），从而使螺母 1 的螺纹左侧与丝杠螺纹右侧靠紧，右螺母 2 的螺纹右侧与丝杠螺纹左侧靠紧，达到自动消除间隙的目的，保证顺铣过程不会产生窜动现象。

X6132A 型万能升降台铣床的顺铣机构还能在逆铣过程中使螺母略微自动松开，以减少丝杠螺母间的磨损。工作原理如下：逆铣时，丝杠 3 的进给力由右螺母 2 承受，两者之间产

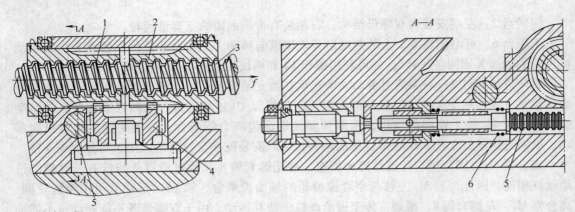

图 2-12 X6132A 型万能升降台铣床顺铣机构结构图
1—左螺母 2—右螺母 3—丝杠 4—冠状齿轮 5—齿条 6—调压弹簧

生较大的摩擦力，因而使右螺母 2 有随丝杠 3 一起转动的趋势，从而通过冠状齿轮 4 使左螺母 1 产生与丝杠 3 反向旋转的趋势，使左螺母 1 螺纹左侧与丝杠螺纹右侧脱开，减少丝杠接触面的磨损。

（四）工作台的进给操控机构

1. 工作台纵向进给操控机构

X6132A 型万能卧式升降台铣床工作台纵向进给操纵机构如图 2-13 所示，由手柄 23 来控制，在接通离合器 M_5 的同时，压动微动开关 S_1 或 S_2，使进给电动机正转或反转实现工作台的向右或向左的纵向进给运动。

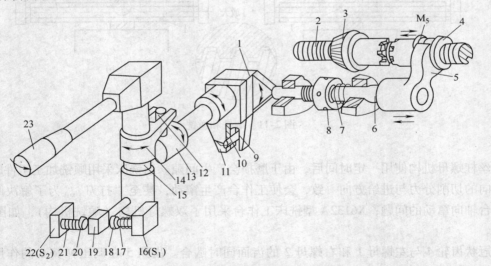

图 2-13 工作台纵向进给操纵机构简图
1—凸块 2—纵向丝杠 3—空套锥齿轮 4—离合器 M_5 右半部分 5—拨叉 6—拨叉轴 8—调整螺母
7、17、21—弹簧 9、14—拨动块 10、12—销子 11—摆块 13—套筒 15—垂直轴 16—微动开关 S_1
18、20—可调螺钉 19—压块 22—微动开关 S_2 23—手柄

当手柄 23 在中间位置时，凸块 1 顶住拨叉轴 6，使其右移，离合器 M_5 无法啮合，使进

给运动断开。同时弹簧 7 受压。此时，手柄 23 下部的压块 19 也处于中间位置，使控制进给电动机正反转的微动开关 16（S_1）及微动开关 22（S_2）均处于放松状态，从而使进给电动机电路不接通而停止转动。

把手柄 23 向右扳动时，压块 19 也向右摆动，压动微动开关 16，使进给电动机正转。同时，手柄中部拨动块 14 逆时针转动，并通过销子 12 带动套筒 13、摆块 11 及固定在摆块 11 上的凸块 1 转动翘起，使其突出点离开拨叉轴 6，从而使拨叉轴 6 及拨叉 5 在弹簧 7 的作用下左移，拉动端面齿离合器 M_5 右半部分左移，与左半部分啮合，接通工作台向右的纵向进给运动。

把手柄 23 向左扳动时，压块 19 也向左摆动，压动微动开关 22，使进给电动机反转。此时，凸块 1 顺时针转动而下垂，同样不能顶住拨叉轴 6，离合器 M_5 的左、右半部分同样可以啮合，接通工作台向左的纵向进给运动。

2. 工作台横向和垂直进给操控机构

X6132A 型万能卧式升降台铣床工作台横向和垂直进给操纵机构图如图 2-14 所示。手柄 1 有上、下、前、后及中间 5 个工作位置，用于接通或断开横向和垂直进给运动。

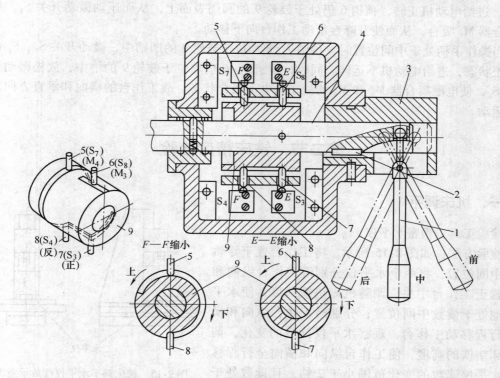

图 2-14 工作台横向和垂直进给操纵机构图
1—手柄 2—平键 3—毂体 4—轴 5、6、7、8—顶销 9—鼓轮

前后扳动手柄 1，可通过手柄 1 前端的球头带动轴 4 及与轴 4 用销连接的鼓轮 9 做轴向移动；上下扳动手柄 1，可通过毂体 3 上的扁槽、平键 2、轴 4 使鼓轮 9 在一定角度范围内来回转动。

在鼓轮 9 两侧安装着 4 个微动开关，其中 S_3 和 S_4 用于控制进给电动机的正转和反转；

S_7 用于控制电磁离合器 M_4 得电或失电；S_8 用于控制电磁离合器 M_3 得电或失电。在鼓轮 9 的圆周上，加工出带斜面的槽（见图 2-14 中 $E—E$、$F—F$ 截面及立体简图）。鼓轮 9 在移动或转动时，可通过槽上的斜面使顶销 5、6、7、8 压动或松开微动开关 S_7、S_8、S_3、S_4，从而实现工作台前、后、上、下的横向或垂直进给运动。

向前扳动手柄 1 时，鼓轮 9 向左移动，顶销 7 被鼓轮上的斜面压下，作用于微动开关 S_3，使进给电动机正转。与此同时，顶销 5 脱开凹槽，处于鼓轮 9 的圆周上，作用于微动开关 S_7，使横向进给电磁离合器 M_4 通电工作，从而实现工作台向前的横向进给运动。

向后扳动手柄 1 时，鼓轮 9 向右轴向移动，顶销 8 被鼓轮 9 上的斜面压下，作用于微动开关 S_4，使进给电动机反转。此时顶销 5 仍处于鼓轮圆周上，压下微动开关 S_7，电磁离合器 M_4 通电工作，实现工作台向后的横向进给运动。

向上扳动手柄 1 时，鼓轮 9 逆时针转动，顶销 8 被鼓轮 9 的上斜面压下，作用于微动开关 S_4，进给电动机反转，同时顶销 6 处于鼓轮 9 的圆周表面上，从而压动微动开关 S_8，使电磁离合器 M_3 吸合。这样就使升降台带动工作台向上移动。

向下扳动手柄 1 时，鼓轮 9 顺时针转动，顶销 7 被鼓轮 9 的上斜面压下，作用于微动开关 S_3，进给电动机正转，顶销 6 仍处于鼓轮 9 的圆周表面上，从而压动微动开关 S_8，使电磁离合器 M_3 吸合，从而使升降台带动工作台向下移动。

当操作手柄处于中间位置时，顶销 7、8 均位于鼓轮 9 的凹槽中，微动开关 S_3、S_4 都处于放松状态，进给电动机不运转。同时，顶销 5、6 也均位于鼓轮 9 的槽中，放松微动开关 S_7 和 S_8，使电磁离合器 M_3 和 M_4 均处于失电不吸合状态，故工作台的横向和垂直方向均无进给运动。

第二节　铣床精度检验

一、机床调平

检验工具：精密水平仪。

检验方法：如图 2-15 所示，将工作台置于导轨行程中间位置，将两个水平仪分别沿工作台纵向和横向置于工作台中央，调整机床垫铁高度，使水平仪水泡处于读数中间位置；分别沿工作台纵向和横向全行程移动工作台，观察水平仪读数的变化，调整机床垫铁的高度，使工作台纵向和横向全行程移动时水平仪读数的变化范围小于 2 格，且读数处于中间位置。

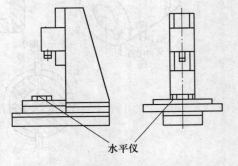

水平仪

图 2-15　铣床调平水平仪摆放示意图

二、几何精度检验

1. 检测工作台台面的平面度

检测工具：平尺、量块、等高块、塞尺。

检验方法：使机床工作台处于纵向和横向行程的中间位置，在工作台台面上，按

图2-16所示的各直线方位放置两等高块,在两等高块上放置一检验平尺,然后用塞尺和量块检验工作台台面和平尺之间的距离。

工作台台面在纵向只允许下凹,在每1000mm长度公差为0.03mm。若超过公差则会影响夹具或工件底面的安装精度,从而影响加工面对基准面的平行度或垂直度。

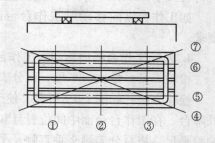

图2-16 工作台台面的平面度误差测量示意图

工作台台面平面度超差或出现台面上凸现象,可通过刮削工作台台面来达到精度要求。

2. 检验工作台纵向和横向移动的垂直度

检验工具:角尺、百分表。

检验方法:如图2-17所示,锁紧升降台,使工作台处于行程中间位置,将90°角尺置于工作台台面中间位置,并使90°角尺的一个检测面与工作台运动的横向(或纵向)平行。把百分表固定在主轴箱上,使百分表测头垂直触及角尺的另一个检测面,纵向(或横向)移动工作台,记录百分表读数,其读数最大差值即为工作台垂直度误差。

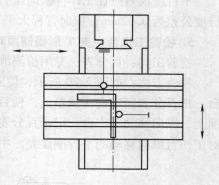

图2-17 工作台纵向和横向移动的垂直度误差测量示意图

在300mm的测量长度上垂直度公差为0.02mm。若超过公差,则会影响两相互垂直的加工面加工后的垂直度。此外,若夹具的定位面与横向平行,则用纵向进给铣削出来的沟槽和工件侧面会与基准面不垂直。

如工作台纵向和横向移动的垂直度超差,应通过刮削导轨来达到精度要求。

3. 检验工作台纵向移动对工作台台面的平行度

检验工具:量块、平尺、百分表。

检验方法:如图2-18所示,使工作台处于横向行程的中间位置,锁紧横向进给滑台和升降台。在工作台面上,跨中央T形槽放置两高度相等的量块,上置检验平尺,将百分表测头垂直触及平尺检测平面,纵向移动工作台进行检验,百分表读数最大差值即为工作台纵向移动对工作台台面的平行度误差。

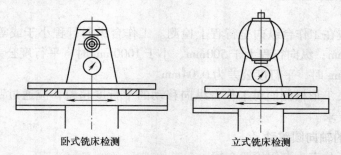

卧式铣床检测　　　　　　　立式铣床检测

图2-18 工作台纵向移动对工作台台面的平行度误差测量示意图

平行度误差应在工作台纵向全行程上检测。工作台纵向行程小于或等于500mm时,平行度公差为 0.02mm；纵向行程大于 500mm、小于 1000mm 时，平行度公差为 0.03mm；纵向行程大于 1000mm 时，平行度公差为 0.04mm。

如工作台纵向移动对工作台台面的平行度超差，应通过刮削工作台台面来达到精度要求。

4. 检验工作台横向移动对工作台台面的平行度

检验工具：量块、平尺、百分表。

检验方法：如图 2-19 所示，使工作台处于纵向行程的中间位置，锁紧纵向进给滑台和升降台。在工作台台面中间位置且和工作台横向移动方向平行放置两高度相等的量块，上置检验平尺，将百分表测头垂直触及平尺检测平面，横向移动工作台进行检验，百分表读数最大差值即为工作台横向移动对工作台台面的平行度误差。

平行度误差应在工作台横向全行程上检测。工作台横向行程小于或等于 300mm 时，平行度公差为 0.02mm；横向行程大于 300mm 时，平行度公差为 0.03mm。

5. 检验工作台中央 T 形槽侧面对工作台纵向移动的平行度

检验工具：百分表、专用检测滑块。

检验方法：如图 2-20 所示，使工作台处于横向行程的中间位置，锁紧横向进给和升降台。把百分表固定在主轴箱上，使百分表测头垂直顶在中央 T 形槽侧面的专用滑块的检测面上，纵向移动工作台，记录百分表读数，其读数最大差值，即为工作台中央 T 形槽侧面对工作台纵向移动的平行度误差。中央 T 形槽的两个侧面均需检验。

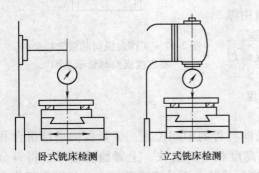

卧式铣床检测　　　　　　　立式铣床检测

图 2-19　工作台横向移动对工作台
台面的平行度误差测量示意图

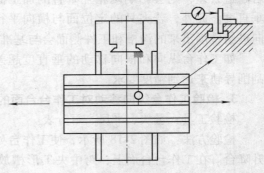

图 2-20　工作台中央 T 形槽侧面对工作台纵向
移动的平行度误差测量示意图

平行度误差应在工作台纵向全行程上检测。工作台纵向行程小于或等于 500mm 时，平行度公差为 0.03mm；纵向行程大于 500mm、小于 1000mm 时，平行度公差为 0.035mm；纵向行程大于 1000mm 时，平行度公差为 0.04mm。

如工作台中央 T 形槽侧面对工作台纵向移动的平行度超差，应通过刮削中央 T 形槽两侧壁来达到精度要求。

6. 检验主轴的轴向圆跳动

检验工具：百分表、专用检验心棒。

检验方法：如图 2-21 所示，将百分表测头顶在插入主轴锥孔内的专用检验心棒端面中心处，缓慢旋转主轴进行检验，百分表读数的最大差值即为主轴的轴向圆跳动误差。

常用铣床主轴的轴向圆跳动公差为0.01mm。主轴的轴向圆跳动误差过大，加工时会产生较大的振动，并导致加工尺寸控制不准。

轴向圆跳动误差过大，如果是因为轴承调整太松引起的，可以通过调整主轴轴承的间隙来达到精度要求。如果是因为主轴磨损而造成的，则需要通过修磨主轴甚至更换主轴来解决。

7. 检验主轴轴肩支承面的轴向圆跳动

检验工具：百分表。

检验方法：如图2-22所示，将百分表测头顶在主轴前端面靠近边缘的位置，缓慢转动主轴，分别在相隔180°的a、b两处检验，两处误差分别计算，百分表读数的最大差值即为支承面的轴向圆跳动误差。

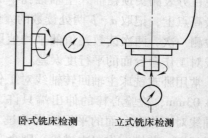

卧式铣床检测　　　立式铣床检测

图2-21　主轴的轴向圆跳动量测量示意图

常用铣床主轴轴肩支承面的轴向圆跳动公差为0.02mm。轴肩支承面的轴向圆跳动误差过大，会引起以主轴轴肩定位安装的铣刀产生轴向圆跳动，影响零件加工尺寸精度和表面粗糙度，并会使铣刀因刀齿磨损不均匀而加快磨损，降低铣刀的使用寿命。

主轴轴肩支承面轴向圆跳动误差过大的解决措施与主轴轴向圆跳动误差过大的解决措施相同。

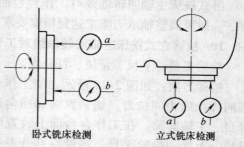

卧式铣床检测　　　立式铣床检测

图2-22　主轴轴肩支承面轴向圆
跳动量测量示意图

8. 检验主轴锥孔轴线的径向圆跳动

检验工具：百分表、专用检验心棒。

检验方法：如图2-23所示，将检验心棒插在主轴锥孔内，百分表安装在机床固定部件上，百分表测头垂直触及被测心棒表面，旋转主轴，在a、b处分别测量，记录百分表的最大读数差值。标记检验心棒与主轴圆周方向的相对位置，取下检验心棒，同向分别旋转90°、180°、270°后重新插入主轴锥孔，在每个位置分别检测。取四次检测的平均值为主轴锥孔轴线的径向圆跳动误差。

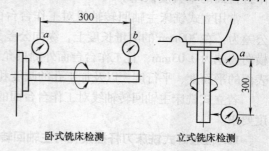

卧式铣床检测　　　立式铣床检测

图2-23　主轴锥孔轴线的径向圆跳动测量示意图

常用铣床主轴锥孔轴线的径向圆跳动公差，在主轴轴端a处为0.01mm，在离轴端a处距离300mm的b处为0.02mm。主轴锥孔轴线的径向圆跳动误差过大将造成铣刀刀杆和铣刀的径向圆跳动误差增大以及铣刀产生振摆，致使铣削的键槽宽度增大，使镗孔的孔径扩大，影响加工工件的表面粗糙度，降低铣刀的使用寿命。

主轴锥孔轴线的径向圆跳动误差过大时，一般利用调整轴承间隙来解决。

9. 检验卧式铣床主轴回转轴线对工作台台面的平行度

检验工具：检验平板、专用检验心棒、百分表。

检验方法：如图 2-24 所示，使工作台处于纵向和横向行程的中间位置。在工作台台面上放一检验平板，将百分表底座（无磁性）放在该平板上，并使百分表测头顶在插入主轴锥孔中的专用检验心棒上母线的最高点上，记取 a、b 两处读数的差值。将主轴转动 $180°$ 后再检测一次，两次读数差值的平均值即为卧式铣床主轴回转轴线对工作台台面的平行度误差。

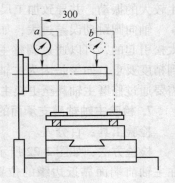

常用卧式铣床主轴回转轴线对工作台台面的平行度公差为 $0.03\,\text{mm}$，检验心棒的伸出端只许下垂。卧式铣床主轴回转轴线对工作台台面的平行度误差过大，会影响零件加工面的平行度，若横向作二次进给，则会产生明显的接刀痕。

卧式铣床主轴回转轴线对工作台台面的平行度误差过大时，一般可调整轴承间隙来达到精度要求。

图 2-24　主轴回转轴线对工作台台面的平行度误差测量示意图

10. 检验立式铣床主轴回转轴线对工作台台面的垂直度

检验工具：平尺、量块、百分表。

检验方法：如图 2-25 所示，使工作台处于纵向和横向行程的中间位置，锁紧纵向和横向进给滑台、升降台、主轴套筒。在工作台台面上放置两高度相等的量块，上置一检验平尺。将带有百分表的表架装在轴上，并将百分表的测头调至平行于主轴轴线，下顶平尺的检测面。检测分纵向和横向两处进行：纵向时平尺的放置与工作台中央 T 形槽平行；横向时平尺的放置与工作台中央 T 形槽垂直，两处百分表读数差分别计值，读数差即为该处的立式铣床主轴回转轴线对工作台台面的垂直度误差。

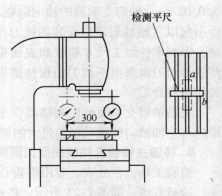

图 2-25　主轴回转轴线对工作台台面的垂直度误差测量示意图

常用立式铣床主轴回转轴线对工作台台面的垂直度公差为：在 $300\,\text{mm}$ 的测量长度上，纵向公差为 $0.02\,\text{mm}$，横向公差为 $0.03\,\text{mm}$，且工作台台面外侧只允许向上偏。该垂直度误差过大，会影响零件加工表面的平面度、平行度，以及加工孔的圆度和孔轴线的倾斜度等。

若立式铣床主轴回转轴线对工作台台面的垂直度误差超差，应通过调整轴承间隙来达到精度要求。

11. 检验卧式铣床刀杆挂架孔对主轴回转轴线的同轴度

检验工具：检验心棒、百分表。

检验方法：如图 2-26 所示，在主轴锥孔中插入一根带百分表的表杆，使百分表的测头顶在插入刀杆挂架孔中的检验心棒外圆表面上。转动主轴，在图示 a、b 两处位置进行检验，两处误差分别计值。百分表读数最大差值的一半即为卧式铣床刀杆挂架孔对主轴回转轴线的同轴度误差。检验时，应锁紧横梁和挂架。

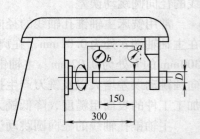

图 2-26　刀杆挂架孔对主轴回转轴线的同轴度误差测量示意图

常用卧式铣床刀杆挂架孔对主轴回转轴线的同轴度公差

为 0.03mm。该同轴度误差过大，将使刀杆歪斜，导致铣刀产生振摆，加速挂架孔的磨损，严重时将使刀杆弯曲，影响加工表面的平行度。

如卧式铣床刀杆挂架孔对主轴回转轴线的同轴度误差超差，应通过修刮挂架内孔轴瓦来达到规定的精度要求。

12. 检验立式铣床主轴套筒移动对工作台台面的垂直度

检验工具：量块、平尺、圆柱角尺、百分表。

检验方法：如图 2-27a 所示，将等高量块沿横向放在工作台上，平尺置于等高块上，将圆柱角尺置于平尺上；百分表固定在主轴上，百分表测头垂直触及角尺，纵向来回移动工作台，使百分表测头找寻到圆柱角尺的最高点，而后移动主轴套筒，记录百分表读数最大差值即为该方向上的立式铣床主轴套筒移动对工作台台面的垂直度误差。同理，如图 2-27b 所示，将等高量块沿纵向放在工作台上，平尺置于等高块上，将圆柱角尺置于平尺上，百分表固定在主轴上，百分表测头垂直触及角尺，横向来回移动工作台，使百分表测头找寻到圆柱角尺的最高点，而后移动主轴套筒，记录百分表读数最大差值即

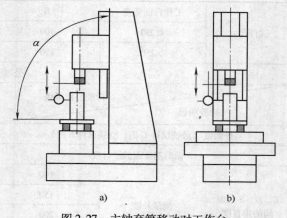

图 2-27　主轴套筒移动对工作台
台面的垂直度误差测量示意图
a）横向测量　b）纵向测量

为该方向上的立式铣床主轴套筒移动对工作台台面的垂直度误差。

立式铣床主轴套筒移动对加工的影响有以下几个方面：以主轴套筒移动进给加工孔时，会产生轴线歪斜；在深度上多次进给加工会产生明显的接刀痕迹；利用主轴套筒移动找正工件时，会产生找正误差；利用铣刀侧刃铣削垂直面时，会影响垂直度。

立式铣床主轴套筒移动对工作台台面垂直度超差的主要原因是主轴套筒精度差或者是磨损太大。

三、常用铣床的工作精度检验

铣床工作精度的检验，是通过标准试件的铣削，对铣床在工作状态下的综合性动态检验。标准试件的形状和尺寸，如图 2-28 所示，试件尺寸和公差要求见表 2-1。

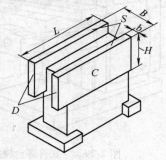
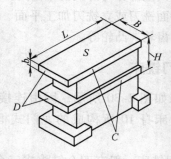

图 2-28　铣床工作精度检验试件图

试件及切削条件：

试件材质：灰铸铁 HT150。

切削刀具：高速工具钢面铣刀，铣刀直径≤60mm。

切削用量：铣削速度 $v_c \geq 50\text{m/min}$，进给速度 $v_f = 40 \sim 60\text{mm/min}$，铣削深度 $a_p = 0.1 \sim 0.4\text{mm}$。

表2-1　试件的尺寸及公差　　　　　　　　　　（单位：mm）

试件尺寸	工作台面宽度	B	L	H	b
	≤250	100	250	100	20
	>250	150	400	150	

公差					
检验项目	标准公差等级	IT1	IT2	IT3	
平面度（卧铣试件 C 面，立铣试件 S 面）		0.02	0.03	0.04	
S 面对基准面的平行度		0.03	0.045	0.06	
C、D、S 三面间的垂直度	测量长度 100	0.02	0.03	0.04	
	150	0.025	0.037	0.05	
	200	0.03	0.045	0.06	
	400	0.05	0.075	0.10	
加工表面粗糙度 Ra/μm		1.6	3.2	6.3	

第三节　其他铣床

一、立式升降台铣床

立式升降台铣床（简称立铣）与卧式升降台铣床的主要区别是它的主轴是垂直布置的，如图 2-29 所示。主轴可根据加工需要在垂直平面内旋转一定的角度，并可沿其轴线方向进给或调整位置，其他部分与卧式铣床相同。

立铣可用面铣刀或立铣刀加工平面、斜面、沟槽、台阶、齿轮、凸轮等。

二、龙门铣床

龙门铣床如图 2-30 所示，因由连接梁 4、立柱 3 和 7、床身 10 所构成的龙门式框架而得名。

中型龙门铣床一般有四个铣头或三个铣头

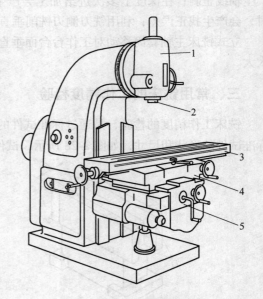

图 2-29　立式升降台铣床
1—主轴头　2—主轴　3—工作台　4—床鞍　5—升降台

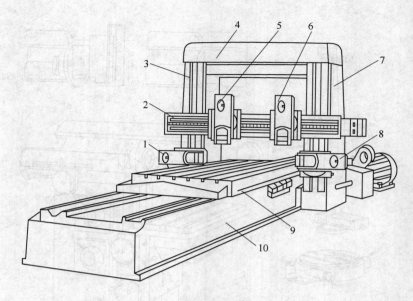

图 2-30 龙门铣床
1、8—水平铣头 2—横梁 3、7—立柱 4—连接梁
5、6—垂直铣头 9—工作台 10—床身

（少一个垂直铣头），每一个铣头都具有单独的驱动电动机、变速传动机构、主轴部件及操控机构等，各自可独立或联合工作，互不干扰。两个垂直铣头 5 和 6 可在横梁 2 上水平移动，横梁 2、水平铣头 1 和 8 可沿立柱 3 和 7 上的垂直导轨上下移动。

各铣刀的切削进给运动均由其主轴套筒带动铣刀主轴沿其轴向移动来完成。加工时，工作台 9 带动工件沿床身 10 的纵向导轨做纵向往复进给运动。

龙门铣床有足够的刚度，可采用硬质合金面铣刀进行高速铣削和强力铣削，一次进给可同时加工工件上三个方位（左侧面、顶面、右侧面），并能确保加工面之间的位置精度，有较高的生产效率。

大型、重型及超重型龙门铣床主要用于单件小批量生产中加工大型及重型零件，机床仅有 1~2 个铣头，但配有多种铣削及镗孔附件，以满足各种加工需要。这种机床是发展轧钢、造船、航空等工业领域的关键设备，因此其生产量及拥有量是衡量一个国家工业发展水平的重要标志之一。

三、万能工具铣床

万能工具铣床除了能完成卧式铣床和立式铣床的加工外，还可利用其配备的多种附件，扩大机床的万能性，它适用于加工夹具零件、各种切削刀具及各种模具，也可用于加工仪器、仪表和形状复杂的零件。万能工具铣床外观及附件如图 2-31 所示。

横向进给运动由主轴座的移动来实现，纵向及垂直方向进给运动由工作台及升降台移动来实现。分度装置可在垂直平面内调整角度，其上端顶尖可沿工件轴向调整位置。插削头用于插削工件上的键槽等。

由于采用了各种附件，万能工具铣床能充分发挥一机多能的作用。

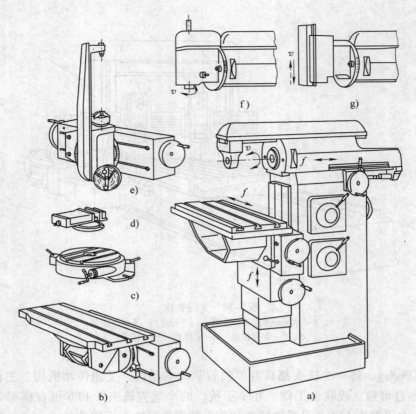

图 2-31　万能工具铣床外观及附件
a）固定工作台　b）可倾斜工作台　c）回转工作台　d）平口钳　e）分度装置　f）立铣头　g）插削头

四、螺纹铣床

螺纹铣床的主要类型有丝杠铣床、短螺纹铣床和蜗杆铣床等。

丝杠铣床使用盘形铣刀加工螺纹，如图 2-32 所示。
铣刀轴线相对于工件轴线偏转一个螺纹升角的角度。铣
削过程中，铣刀高速旋转做主运动，工件慢速旋转做圆
周进给运动，同时铣刀沿工件轴向移动，完成纵向进给
运动。铣刀纵向进给运动和工件圆周进给运动组成一个
复合运动——螺旋轨迹运动，它们之间必须保持严格的
运动关系：工件每旋转一周，刀具匀速移动被加工螺纹
一个导程的距离。

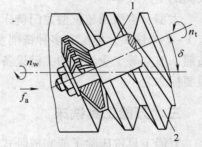

图 2-32　丝杠铣削原理图
1—盘形铣刀　2—工件

这种机床主要用来加工长度较大的丝杠上的传动螺
纹，也可用来加工键槽、花键轴和齿轮等。

短螺纹铣床使用梳形铣刀加工外螺纹和内螺纹，如图 2-33 所示。

铣刀长度略大于工件螺纹的长度，铣刀轴线和工件轴线平行。加工开始时，刀具沿工件
径向切入，当切至所需螺纹深度后，工件再继续转一圈，铣刀沿工件轴向匀速移动一个导
程，便可切完全部螺纹。整个切削过程中，工件共需旋转 1.15 ~ 1.25 转，其中 0.15 ~ 0.25

转是铣刀切入过程所转过部分。

短螺纹铣床可以加工长度不大的外螺纹和内螺纹,生产效率较高,适用于大批量生产。

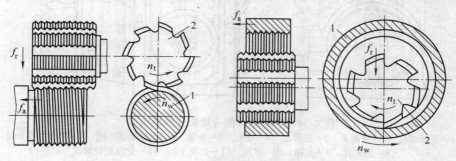

图 2-33 短螺纹铣削原理图
1—工件 2—梳形铣刀

第四节 分 度 头

一、分度头简介

1. 分度头的用途

分度头是机床所配备的重要附件之一,其作用是扩大机床的工艺范围。分度头安装在机床的工作台上,被加工工件支承在分度头主轴顶尖和尾座顶尖之间或安装于分度头主轴前端的卡盘上。利用分度头可以完成下列工作:

1)使工件周期性地绕自身轴线回转一定角度,完成等分或不等分的圆周分度工作,如加工方头、六角头、齿轮、花键以及刀具的等分或不等分刀齿等。

2)通过配换交换齿轮,由分度头使工件连续转动,并和工作台的纵向进给运动相配合,以加工螺旋齿轮、螺旋槽和阿基米德螺旋线凸轮等。

3)用卡盘夹持工件,使工件轴线相对于机床工作台倾斜一定角度,以加工与工件轴线相交成一定角度的平面、沟槽、直齿锥齿轮等。

因此,分度头在单件、小批生产中得到了普遍应用。

2. 分度头的分类

分度头有直接分度头、万能分度头和光学分度头等类型,其中以万能分度头最为常用。常见的万能分度头型号有 FW125、FW200、FW250、FW300 等几种,代号中 F 代表分度头,W 代表万能型,后面的数字代表最大回转直径,其单位为毫米。

3. FW250 型万能分度头的外形和结构

图 2-34 所示为 FW250 型万能分度头的外形结构。

分度头主轴 9 是空心轴,两端均为锥孔,前锥孔可装入顶尖(莫氏 4 号),后锥孔可装入心轴,以便在差动分度时安装交换齿轮,把主轴的运动传给侧轴可带动分度盘旋转。主轴前端还有一定位锥面,作为自定心卡盘定位和安装之用。

主轴 9 安装在回转体 8 内。回转体 8 以两侧轴颈支承在底座 10 上,并可绕其轴线沿底座 10 的环形导轨转动,使得主轴轴线可以在水平线以下 6° 至水平线以上 90° 范围内调整倾

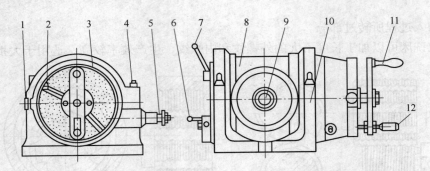

图 2-34 FW250 万能分度头外形结构图
1—紧固螺钉 2—分度叉 3—分度盘 4—螺钉 5—侧轴 6—蜗杆脱落手柄 7—主轴锁紧手柄
8—回转体 9—主轴 10—底座 11—分度手柄 12—分度定位插销

斜角度，调整到位后用螺钉 4 将回转体 8 锁紧。

手柄 7 用于锁紧或松开主轴：分度时松开；分度后锁紧，以防在铣削时主轴松动。

另一手柄 6 是控制蜗杆的手柄，它可以使蜗杆和蜗轮连接或脱开（即分度头内部的传动接合或切断），在切断传动时，可用手直接转动分度头的主轴，实现直接分度。

分度盘 3 在若干不同圆周上均匀分布着数目不同的孔圈，如图 2-35 所示。

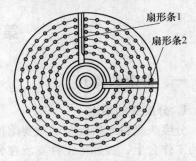

图 2-35 分度盘外形图

FW250 型分度头备有两块分度盘，其各圈孔数如下：

第一块   正面：24、25、28、30、34、37；
　　　　　反面：38、39、41、42、43。
第二块   正面：46、47、49、51、53、54；
　　　　　反面：57、58、59、62、66。

如图 2-34 所示，分度时，拔出插销 12，转动分度手柄 11，经传动比为 1:1 的齿轮副和 1:40 的蜗杆副，可使主轴回转到所需位置，然后再把插销 12 插入所对的孔圈中。插销 12 可在分度手柄 11 的长槽中沿分度盘径向调整位置，以使插销 12 能插入不同孔数的孔圈中。

4. FW250 型万能分度头的传动系统

FW250 型万能分度头的传动系统如图 2-36 所示，图中各部件名称见图 2-34 图注。

主轴上固定有齿数为 40 的蜗轮，与之相啮合的

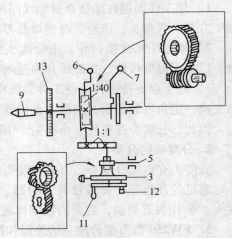

图 2-36 FW250 型万能分度头的传动系统

蜗杆的头数为 1。当拔出定位插销，转动分度手柄时，通过一对传动比为 1:1 的齿轮副传动，使蜗杆转动，从而带动蜗轮（主轴）进行分度。

由其传动关系可知，当分度手柄转动 1 周时，主轴转动 1/40 周（等于 9°），或分度手柄转过的转数等于 40 倍的主轴（工件）转数。

例如：工件的等分数为 Z，则每次分度时，工件应转过 $1/Z$ 周，因此，分度手柄每次需转 $n=40/Z$ 周。

二、分度方法

分度头分度的方法有直接分度法、简单分度法、差动分度法等。

1. 直接分度法

如图 2-34 所示，松开主轴锁紧手柄 7，并用蜗杆脱落手柄 6 使蜗杆与蜗轮脱开啮合，然后直接转动主轴，用眼观测主轴刻度盘 13（见图 2-36）指示转动的角度，最后用主轴锁紧手柄 7 锁紧主轴，进行加工。

直接分度法用于对分度精度要求不高，且分度次数较少的工件。

2. 简单分度法

利用分度盘进行分度的方法称为简单分度法，这是一种常用的分度方法。分度前应使蜗杆和蜗轮啮合，用紧固螺钉 1（见图 2-34）锁紧分度盘 3，拔出分度定位插销 12，转动分度手柄 11，通过传动系统，使分度头主轴转过所需的角度，然后将分度定位销 12 插入分度盘 3 相应的孔中。

设被加工工件所需分度数为 Z（即在一周内分成 Z 等分），则每次分度时，分度头主轴带动工件应转过 $1/Z$ 周，因此，分度手柄每次需转过 $n_手 = 40/Z$ 周。

为使分度时容易记忆，可将公式作如下变换：

$$n_手 = \frac{40}{Z} = a + \frac{p}{q} \tag{2-1}$$

式中 a——每次分度时，手柄应转过的整转数（当 $Z > 40$ 时，$a = 0$）；

p——定位销在所选用的孔圈上应转过的孔间隔数；

q——分度盘上所选用孔圈的孔数。

例 1 在铣床上加工直齿圆柱齿轮，齿数 $Z = 28$，用 FW250 型分度头分度，每次分度手柄应转过的整圈数与孔数。

解： 根据式（2-1），$n_手 = \frac{40}{Z} = \frac{40}{28} = 1 + \frac{3}{7} = 1 + \frac{12}{28} = 1 + \frac{18}{42} = 1 + \frac{21}{49}$

计算结果表明，每次分度时手柄转过 1 整圈，然后在孔数为 28 的孔圈上再转过 12 个孔数，或者在孔数为 42、49 的孔圈上分别转过 18、21 个孔数。

操作步骤为：

1）将定位插销调整至分度盘上孔数为 28 的孔圈上。

2）拔出定位销，手柄转 1 圈后再转过 12 个孔距（第 13 孔）插入定位插销。

这样，主轴每次就可准确地转过 1 个齿。

分度时，q 值应尽量取分度盘上能实现分度的较大值，可使分度精度高些。为了防止因记忆出错而导致分度操作失误，可调整分度叉 2（见图 2-34）之间的夹角，使分度叉 2 以内的孔数在 q 个孔的孔圈上有 $(p+1)$ 个孔，即实际包含 p 个孔间间隔，使得分度定位插销 12 每次插入孔中时可清晰地识别。

3. 差动分度法

由于分度盘的孔圈有限，有些分度数因选不到合适的孔圈而不能用简单分度法分度，例如 61、67、71、73、83、113 等,这时可采用差动分度法进行分度,如图 2-37 所示。

差动分度时,首先松开分度盘的固定螺钉,用交换齿轮 Z_1、Z_2、Z_3、Z_4 将分度头主轴与侧轴联系起来,经过一对交错轴斜齿轮副 1:1 传动,使分度盘回转,补偿所需的角度,这种分度方法叫差动分度法。

差动分度法的基本思路:

设工件 Z 等分,则分度主轴每次分度转过 $1/Z$ 转,手柄应转过 $40/Z$ 转,定位插销相应从 A 点转到 C 点,但 C 点处没有相应的孔来定位,分度插销无法插入,所以不能用简单分度法进行分度,如图 2-37c 所示。

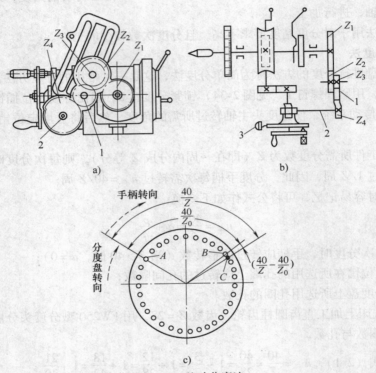

图 2-37 差动分度法
a) 交换齿轮安装图 b) 差动分度法传动系统 c) 差动分度法分度原理
1—交换齿轮 2—侧轴 3—分度盘紧固螺钉

为了借用分度盘上的孔圈,我们先取 Z_0 来计算手柄的转数(Z_0 应接近于 Z,可大也可小,且能简单分度):主轴每次分度转过 $1/Z_0$ 转,手柄应转过 $40/Z_0$ 转,定位插销相应从 A 点转到 B 点,B 点和 C 点间的差值为 $40/Z - 40/Z_0$,为了补偿这一差值,只要将分度盘上的 B 点转到 C 点,使分度定位销插入,准确定位,就可实现分度数为 Z 的分度了。

实现补差的传动由手柄经分度头的传动系统,再经连接分度头主轴和侧轴的交换齿轮系统,传动至分度盘。

这条差动传动链的运动平衡式为:$\dfrac{40}{Z} \times \dfrac{1}{1} \times \dfrac{1}{40} \times \dfrac{Z_1}{Z_2} \times \dfrac{Z_3}{Z_4} \times \dfrac{1}{1} = \dfrac{40}{Z} - \dfrac{40}{Z_0} = \dfrac{(Z_0 - Z)}{Z Z_0}$

化简后为:$\qquad \dfrac{Z_1}{Z_2} \times \dfrac{Z_3}{Z_4} = \dfrac{40(Z_0 - Z)}{Z_0}$ \hfill (2-2)

式中 Z—— 所需分度数；

     Z_0——假定分度数。

选取的 Z_0 应接近于 Z，并能与 40 相约，且有相应的交换齿轮，以便使调整计算易于实现。

当 $Z_0 > Z$，$40/Z_0 < 40/Z$ 时，分度盘的转向与手柄转向相同，如图 2-37c 所示。

当 $Z_0 < Z$，$40/Z_0 > 40/Z$ 时，分度盘的转向与手柄转向相反。

分度盘旋转方向的改变，是通过在 Z_3、Z_4 之间加一介轮来实现的。

FW250 型万能分度头所配备的交换齿轮有：25×2、30、35、40、50、55、60、70、80、90、100，共 12 个。

例 2   加工齿数 77 的直齿圆柱齿轮，FW250 型万能分度头选择交换齿轮进行分度调整计算。

解：因 77 与 40 无法相约，分度盘上又没有 77 的孔圈，故用差动分度法调整分度。

取假定分度数 $Z_0 = 75$。

1）选择分度盘孔圈数及定位销应转过的孔间隔数。

$$n_{手} = 40/Z_0 = 40/75 = 8/15 = 16/30$$

即每次分度，定位销应在 30 孔的孔圈上转过 16 个孔距。

2）计算交换齿轮齿数。

根据式（2-2）：$\dfrac{Z_1}{Z_2} \times \dfrac{Z_3}{Z_4} = \dfrac{40(Z_0 - Z)}{Z_0} = \dfrac{40 \times (75 - 77)}{75} = -\dfrac{80}{75} = -\dfrac{80}{60} \times \dfrac{40}{50}$

3）因 $Z_0 < Z$，$40/Z_0 > 40/Z$，分度盘的转向与手柄转向相反，Z_3、Z_4 之间需加一介轮。

三、铣螺旋槽的调整计算

在万能升降台铣床上利用万能分度头铣削螺旋槽时，应作如图 2-38 所示调整。

1）工件支承在工作台上的分度头与尾座顶尖之间，扳动工作台绕垂直轴线偏转角度 β（β 为工件的螺旋角），使铣刀旋转平面与工件螺旋槽方向一致，如图 2-38a 所示。铣右旋工件时工作台应绕垂直轴线逆时针方向旋转，铣左旋工件时工作台应绕垂直轴线顺时针方向旋转。

2）在分度头侧轴与工作台丝杠间装上交换齿轮架及一组交换齿轮，以使工作台带动工件做纵向进给的同时，将丝杠运动经交换齿轮组、侧轴及分度头内部的传动系统使主轴带动工件做相应回转。此时，应松开分度盘紧固螺钉，并将分度定位销插入分度盘的孔内，传动系统如图 2-38b 所示，交换齿轮搭架结构如图 2-38c 所示。

3）加工多头螺旋槽或交错轴斜齿轮等工件时，加工完一条螺旋槽后，应将工件退离加工位置，然后通过简单分度方法使工件分度。

可见，为了在铣螺旋槽时，保证工件的直线移动与其绕自身轴线回转之间保持一定运动关系，由交换齿轮组将进给丝杠与分度头主轴之间的运动联系起来，构成一条内联系传动链。该传动链的两端件及运动关系为：工件旋转 1 转，工作台带动工件纵向移动一个工件螺旋槽导程 $L_工$，运动平衡式为：$\dfrac{L_工}{L_丝} \times \dfrac{Z_1}{Z_2} \times \dfrac{Z_3}{Z_4} \times \dfrac{1}{1} \times \dfrac{1}{1} \times \dfrac{1}{40} = 1$

化简后得： $\dfrac{Z_1}{Z_2} \times \dfrac{Z_3}{Z_4} = 40 \times \dfrac{L_丝}{L_工} = \dfrac{240}{L_工}$ （2-3）

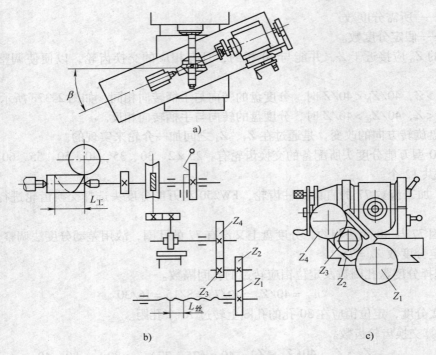

图 2-38   铣螺旋槽的调整结构图

a）铣螺旋槽工艺调整结构图   b）铣螺旋槽传动系统图   c）交换齿轮搭架图

$L_{工}$—工件螺旋槽导程 $L_{丝}$—工作台纵向进给丝杠导程（$L_{丝}=6\text{mm}$）

螺旋角为 β、法向模数为 m_n、端面模数为 m_s、齿数为 Z 的斜齿轮的导程值可由图 2-39 计算而得：

$$L_{工}=\frac{\pi D}{\tan\beta}=\pi\frac{m_s Z}{\tan\beta}$$

又因为：

$$m_s=\frac{m_n}{\cos\beta}$$

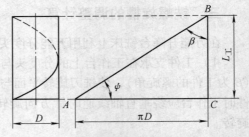

图 2-39   螺旋槽导程计算展开示意图

$L_{工}$—工件螺旋槽导程 β—螺旋角
ψ—螺旋升角 D—分度圆直径

所以：

$$L_{工}=\pi\frac{m_n Z}{\sin\beta} \qquad (2\text{-}4)$$

例 3   利用 FW250 万能分度头，铣削一个右旋斜齿轮，齿数 $Z=30$，法向模数 $m_n=4$，螺旋角 $\beta=18°$，所用铣床工作台纵向丝杠的导程 $L_{丝}=6\text{mm}$，试进行调整计算。

解：1）工作台逆时针旋转 18°。

2）计算工件导程：

由式（2-4）：

$$L_{工}=\pi\frac{m_n Z}{\sin\beta}=\pi\frac{4\times30}{\sin18°}=1219.17$$

由式（2-3）：

$$\frac{Z_1}{Z_2}\times\frac{Z_3}{Z_4}=\frac{240}{L_{工}}=\frac{240}{1219.97}\approx\frac{11}{55}=\frac{55}{70}\times\frac{25}{100}$$

3）简单分度时定位销转过的转数与孔间距数：$n=\dfrac{40}{Z}=\dfrac{40}{30}=1+\dfrac{10}{30}$

即分度手柄转 1 转，再在孔数为 30 的孔圈上转过 10 个孔距。

交换齿轮齿数也可查工件导程与交换齿轮齿数表直接获得，见表 2-2。

表 2-2 工件导程与交换齿轮齿数表（部分）

工件导程 $L_工$	交换齿轮传动比	交换齿轮齿数				工件导程 $L_工$	交换齿轮传动比	交换齿轮齿数			
		Z_1	Z_2	Z_3	Z_4			Z_1	Z_2	Z_3	Z_4
400.00	0.60000	100	50	30	100	1163.64	0.20625	55	80	30	100
403.20	0.59524	100	60	25	70	1188.00	0.20202	40	55	25	90
405.00	0.59259	80	60	40	90	1200.00	0.20000	70	90	30	100
407.27	0.58929	60	70	55	80	1206.88	0.19886	35	55	25	80
410.66	0.58442	90	55	25	70	1209.62	0.19841	50	70	25	90
411.13	0.58333	100	60	35	100	1221.81	0.19643	55	70	25	100
412.50	0.58182	80	55	40	100	1228.80	0.19531	25	40	25	80
418.91	0.57292	55	60	50	80	1232.00	0.19481	30	55	25	70
419.05	0.57273	90	55	35	100	1234.31	0.19444	70	90	25	100
420.00	0.57143	100	70	40	100	1256.74	0.19097	55	80	25	90
422.40	0.56818	100	55	25	80	1257.14	0.19091	35	55	30	100
……	……	……				1260.00	0.19048	40	70	30	90

因实际传动比与理论传动比有少许误差，因而加工出的螺旋槽的螺旋角也略有误差。验证如下：

$$\because \frac{Z_1}{Z_2} \times \frac{Z_3}{Z_4} = \frac{240}{L_工}$$

$$\therefore L_{工实际} = 240 \times \frac{Z_2}{Z_1} \times \frac{Z_4}{Z_3} = 240 \times \frac{70}{55} \times \frac{100}{25} = 1221.818$$

实际的螺旋角为：

$$\beta = \arcsin\left(\pi \frac{m_n Z}{L_{工实际}}\right) = \arcsin\left(\pi \frac{4 \times 30}{1221.818}\right) = \arcsin(0.30855) = 17.98187°$$

可见误差很小，满足一般螺旋槽的加工精度要求。

复习思考题

1. X6132A 型铣床的进给传动链中设置有两组三联滑移齿轮变速组和一组曲回机构变速，而曲回机构又可获得三种不同的传动比，为什么最后工作台只获得了 21 级有效进给量？

2. X6132A 型铣床主轴轴承间隙是如何调整的？

3. X6132A 型铣床上设置有顺铣机构，试说明此机构的工作原理。

4. 试说明孔盘变速结构的工作原理，并将此变速机构的变速方法与 CA6140 型车床的六级变速机构作一下比较。

5. 试分析 X6132A 型铣床主轴锥孔轴线径向圆跳动对加工精度的影响？如主轴锥孔轴线径向圆跳动超差，分析造成超差的主要原因。

6. 在 X6132A 型铣床上加工如图 2-40 所示工件，发现加工后的工件垂直度和平行度超差，试分析造成超差的原因。

7. 在 X6132A 型铣床上用 FW250 型分度头加工一个齿数为 61 的直齿圆柱齿轮，应该怎样分度？

8. 在 X6132A 型铣床上用 FW250 型分度头加工一个齿数为 36 齿，法向模数 $m_n = 2\text{mm}$，螺旋角 $\beta = 26°30'$ 的右旋齿轮，试做调整计算。

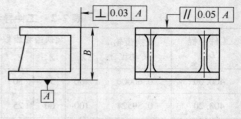

图 2-40

第三章   M1432B 型万能外圆磨床

所有用磨料磨具（砂轮、砂带、油石和研磨料等）为工具进行切削加工的机床，统称为磨床。磨床可以加工各种表面，工艺范围十分广泛，如内、外圆柱面和圆锥面、平面、渐开线齿廓面、螺旋面以及各种成形面等，还可以刃磨刀具和进行切断等。磨床主要用于零件的精加工，尤其是淬硬钢件和高硬度材料零件的加工。

第一节   M1432B 型万能外圆磨床的用途及运动

一、M1432B 型万能外圆磨床的用途

M1432B 型万能外圆磨床是一种比较典型的普通精度外圆磨床，可以用来加工外圆柱面和外圆锥面，利用内圆磨具还可以磨削内圆柱面和内圆锥面，也能磨削阶梯轴的轴肩和端平面。其加工精度可达 IT5 ~ IT7，表面粗糙度可达 $Ra0.2 ~ 0.1\mu m$。此种磨床的万能性程度比较高，但自动化程度比较低，故适用于单件、小批量生产或用于工具、机修车间等。

二、M1432B 型万能外圆磨床的主要部件

如图 3-1 所示，M1432B 型万能外圆磨床主要由以下部件组成：

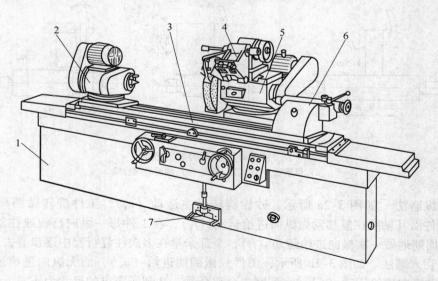

图 3-1   M1432B 型万能外圆磨床
1—床身 2—头架 3—工作台 4—内磨装置 5—砂轮架 6—尾座 7—脚踏操纵板

1. 床身

床身是磨床的基础支承件,在它上面安装着砂轮架、工作台,并通过工作台支承着头架及尾座等部件,使它们保持准确的相对位置。床身内部用作液压油的储油池。

2. 头架

头架用来安装及夹持工件,并带动工件旋转。头架可按加工需要在逆时针方向 90°范围内作任意角度调整。

3. 工作台

工作台由上工作台和下工作台两部分组成。上工作台可相对下工作台偏转一定角度,用以磨削锥度较小的长圆锥面。工作台的纵向往复运动是通过液压传动实现的,也可以通过手摇机构实现手动移动。

4. 内磨装置

内磨装置用于支承磨内孔的砂轮主轴,由单独电动机经带传动,带动主轴旋转。

5. 砂轮架

砂轮架用于支承并传动砂轮主轴。砂轮架可沿床身上的滚动导轨前后移动,实现工作进给及快速进退,当需要磨削圆锥面时,砂轮架可以调整至一定的角度位置。

6. 尾座

尾座和头架的前顶尖一起,用于支承工件。

三、M1432B 型万能外圆磨床的磨削方法及其运动

1. 磨削方法

外圆磨床主要用来磨削外圆柱面和圆锥面。基本的磨削方法有两种:纵磨法和切入磨法。如图 3-2 所示。

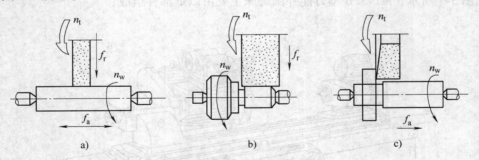

图 3-2　外圆磨床的磨削方法
a)纵磨法　b)切入磨法　c)端面磨削台阶

(1)纵磨法　如图 3-2a 所示,砂轮旋转做主运动(n_t),工件旋转做圆周进给运动(n_w),工件沿其轴线往复移动做纵向进给运动(f_a),在工件每一纵向行程或往复行程终了时,砂轮周期地做一次横向进给运动(f_r),全部余量在多次往复行程中逐步磨去。

(2)切入磨法　如图 3-2b 所示,工件只做圆周进给(n_w),而无纵向进给运动,砂轮则连续地做横向进给运动(f_r),直到磨去全部余量,达到所要求的尺寸为止。

此外,在机床上,还可用砂轮的端面磨削工件的台阶面,如图 3-2c 所示。磨削时,工件转动(n_w)并沿其轴线缓慢移动(f_a),以完成进给运动。

2. 机床的运动

图 3-3 所示为外圆磨床的几种典型加工方法。由图可以看出，外圆磨床必须具备以下运动：

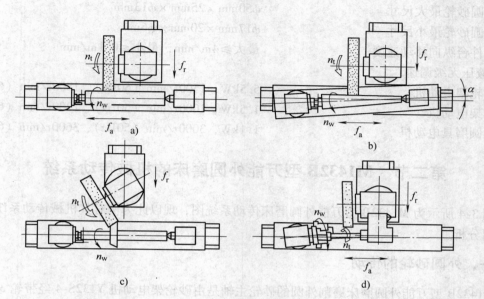

图 3-3　万能外圆磨床加工示意图
a）纵磨法磨外圆柱面　b）扳转工作台用纵磨法磨长圆锥面
c）扳转砂轮架用切入法磨削短圆锥面　d）扳转头架用纵磨法磨内圆锥面

1）磨外圆砂轮的旋转运动和磨内孔砂轮的旋转运动分别为磨削外圆及磨削内孔的主运动（只有磨内孔时才开动）。

2）工件的旋转运动（n_w）由头架带动，为机床的圆周进给运动。

3）工件的纵向往复运动（f_a）由工作台带动，为机床的纵向进给运动。

4）砂轮的横向进给运动（f_r）。往复纵磨时，是周期间歇进给；切入式磨削时，是连续进给。

机床的辅助运动包括砂轮架的快速横向运动和尾座套筒的快速退回运动。

四、M1432B 型外圆磨床的主要技术性能

外圆磨床的主参数为磨削工件的最大直径，M1432B 型万能外圆磨床的主参数为 $\phi 320\text{mm}$。

外圆磨削直径	$\phi 8 \sim 320\text{mm}$
外圆最大磨削长度（三种规格）	750mm、1000mm、1500mm、2000mm、3000mm
内孔磨削直径	$30 \sim 100\text{mm}$
内孔最大磨削长度	125mm
磨削工件最大质量	150kg
砂轮尺寸（外径×宽度×内径）	$\phi 400\ \text{mm} \times 50\text{mm} \times \phi 203\text{mm}$
砂轮转速	1670r/min

砂轮回转角度　　　　　　　　　±30°

头架主轴转速　　　　　　　　　25～220r/min（50Hz）、30～274r/min（60Hz）

内圆砂轮转速　　　　　　　　　10000r/min（HJX33-03B）

内圆砂轮最大尺寸　　　　　　　$\phi50mm×25mm×\phi13mm$

内圆砂轮最小尺寸　　　　　　　$\phi17mm×20mm×\phi6mm$

工件台纵向移动速度　　　　　　最大≥4m/min，最小≤0.1m/min
（液压无级调速）

砂轮架电动机　　　　　　　　　5.5kW，1500r/min（50Hz）、1800r/min（60Hz）

头架电动机　　　　　　　　　　1.5kW，1000r/min（50Hz）、1200r/min（60Hz）

内圆磨具电动机　　　　　　　　1.1kW，3000r/min（50Hz）、3600r/min（60Hz）

第二节　M1432B 型万能外圆磨床的机械传动系统

图 3-4 所示为 M1432B 型万能外圆磨床传动系统图，现以此为例对其机械传动系统作简单介绍分析。

一、外圆砂轮的传动

M1432B 型万能外圆磨床磨削外圆的砂轮主轴是由砂轮架电动机 Y132S-4 经带轮 31、30 驱动砂轮主轴 29。

二、内圆磨具的传动

M1432B 型万能外圆磨床磨削内圆的砂轮主轴是由内圆磨具电动机 Y802-2 经带轮 34、33 驱动内圆磨具主轴 32。内圆磨具电动机与内圆磨具支架装有联锁机构，只有在支架翻下到工作位置时，内圆磨具电动机方能开动。同时在支架翻下后，砂轮架快速进退手柄即在原位置自锁（砂轮架位于前进位置或后退位置均可）。

三、工件的传动

头架永磁直流电动机通过带轮 1、拨盘带轮 2 带动工件，并通过电动机调速板实现工件变速。

四、工作台的纵向手摇传动

为了调整机床或满足在磨削过程中的特殊需要（如磨削阶梯轴的台肩端面），工作台可通过手摇手轮 10 驱动，其传动路线为：

手摇手轮 10—$\dfrac{齿轮\ 9\ (Z=15)}{齿轮\ 8\ (Z=72)}\dfrac{齿轮\ 7\ (Z=18)}{齿轮\ 6\ (Z=72)}$—齿轮 5（$Z=18$）—工作台齿条 4（$m=2$）

手轮转 1 转，工作台移动的距离为：

$$L = 1 × \frac{15}{72} × \frac{18}{72} × π × 2 × 18mm = 5.9mm$$

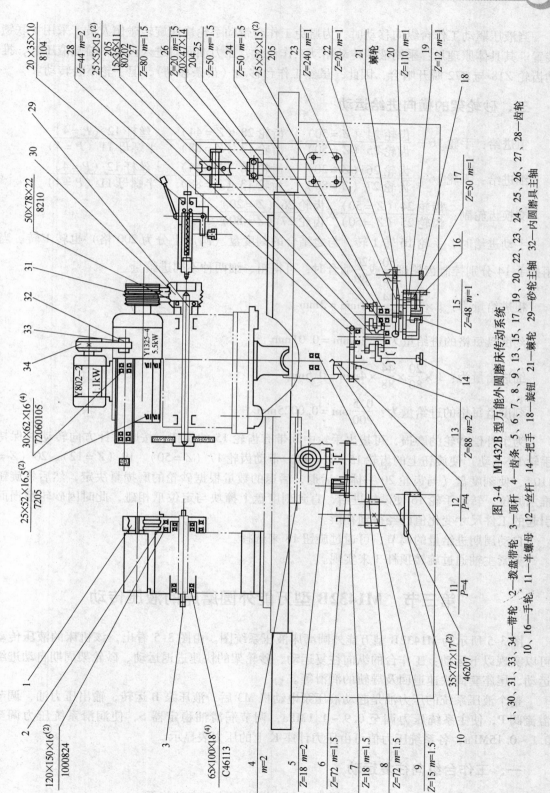

图 3-4　M1432B 型万能外圆磨床传动系统

1、30、31、33、34—带轮　2—拨盘带轮　3—顶杆　4—齿条　5、6、7、8、9、13、15、17、19、20、22、23、24、25、26、27、28—齿轮　10、16—手轮　11—半螺母　12—丝杆　14—把手　18—旋钮　21—旋钮　29—棘轮　32—内圆磨具主轴

当液压驱动工作台纵向移动时，为避免工作台带动手轮快速旋转碰伤人员，采用了联锁装置。其具体原理是：采用液压传动驱动工作台时，压力油同时进入齿轮 7 前端液压缸，推动齿轮 $Z18$ 与 $Z72$ 脱开啮合，因此，虽然工作台移动（齿条移动），但手轮不会转动。

五、砂轮架的横向进给运动

粗进给：手轮 16 — $\dfrac{\text{齿轮 24 }(Z=50)}{\text{齿轮 25 }(Z=50)}$ — $\dfrac{\text{齿轮 28 }(Z=44)}{\text{齿轮 13 }(Z=88)}$ — $\dfrac{\text{丝杆 12 }(P=4)}{\text{半螺母 11 }(P=4)}$

细进给：手轮 16 — $\dfrac{\text{齿轮 26 }(Z=20)}{\text{齿轮 27 }(Z=80)}$ — $\dfrac{\text{齿轮 28 }(Z=44)}{\text{齿轮 13 }(Z=88)}$ — $\dfrac{\text{丝杆 12 }(P=4)}{\text{半螺母 11 }(P=4)}$

交换齿轮副 $\dfrac{\text{齿轮 24 }(Z=50)}{\text{齿轮 25 }(Z=50)}$ 或 $\dfrac{\text{齿轮 26 }(Z=20)}{\text{齿轮 27 }(Z=80)}$

手动进给时，手轮 16 转 1 转，与之结合的刻度盘（圆周上分为 200 格）也转 1 转。当用把手 14 分别控制齿轮副 $\dfrac{50}{50}$ 或 $\dfrac{20}{80}$ 啮合时，可得粗、细两种不同进给量。

粗进给量为：$1 \times \dfrac{50}{50} \times \dfrac{44}{88} \times 4\,\text{mm} = 2\,\text{mm}$

刻度盘每格的进给量为：$\dfrac{2}{200}\,\text{mm} = 0.01\,\text{mm}$

细进给量为：$1 \times \dfrac{20}{80} \times \dfrac{44}{88} \times 4\,\text{mm} = 0.5\,\text{mm}$

刻度盘每格的进给量为：$\dfrac{0.5}{200}\,\text{mm} = 0.0025\,\text{mm}$

为了补偿砂轮的磨损，可拔出手轮中间带有齿轮 15 的旋钮，按顺时针方向转动（保持手轮 16 不动）使旋钮上的齿轮 15 （$Z=48$）带动齿轮 17 （$Z=50$）、19 （$Z=12$）、20 （$Z=110$），使刻度盘（与齿轮 20 一体）后退，后退的数量根据砂轮的磨损量决定，然后将旋钮推入原位，转动手轮 16 使砂轮进给，直到刻度盘上撞块与定位爪相碰，此时因砂轮磨损而引起的工件尺寸变化值已经得到补偿。

自动周期进给量的调节，可通过旋钮 18 来选择。

夹紧主轴通过旋转顶杆 3 来实现。

第三节　M1432B 型万能外圆磨床的液压传动

图 3-5 所示为 M1432B 型万能外圆磨床液压系统图。由图 3-5 看出，该机床的液压传动可以实现以下运动：工作台的纵向往复运动、砂轮架的快速进退运动、砂轮架周期自动进给运动、尾座套筒快速退回及导轨的润滑等。

整个液压系统的压力油是起动液压泵电动机 M3 后，液压泵 B 运转，输出压力油，调节溢流阀 P，使主系统压力调至 0.9 ~ 1.1MPa，调节润滑油稳定器 S，使润滑系统压力调至 0.1 ~ 0.15MPa，各系统压力值可由压力计座 K 上的压力表显示。

一、工作台纵向往复运动

工作台纵向往复运动由液压操纵箱控制，操纵箱装于床身前面。

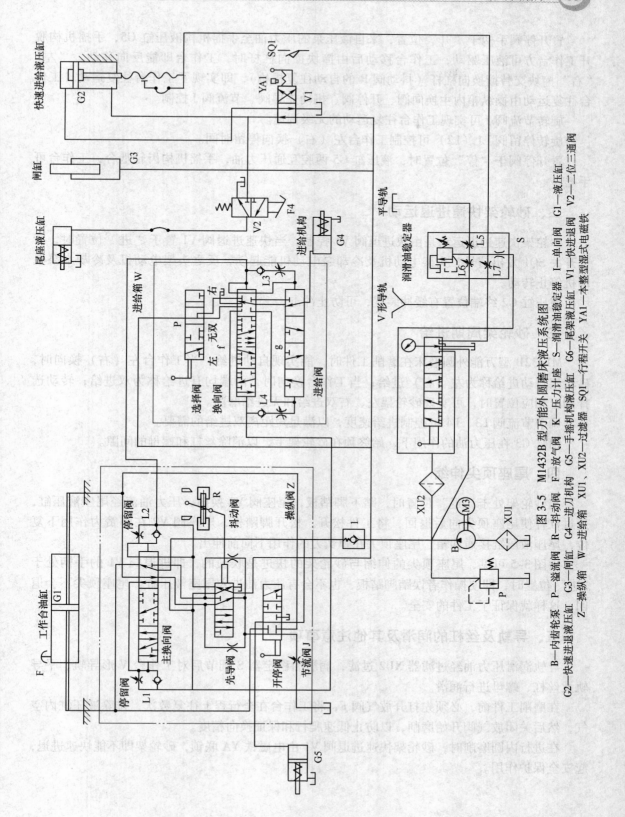

图 3-5　M1432B 型万能外圆磨床液压系统图

B—内齿轮泵　P—溢流阀　R—抖动阀　F—放气阀　K—压力计座　S—润滑油稳定器　I—单向阀　G1—液压缸
G2—快速进退液压缸　G3—闸缸　G4—进刀机构　G5—手摇机构液压缸　G6—尾架液压缸　V1—快速进退阀　V2—二位三通阀
Z—操纵阀　W—进给箱　XU1、XU2—过滤器　SQ1—行程开关　YA1—本整型湿式电磁铁

置开停阀手柄于"开"位置，来自液压泵的压力油至手摇机构液压缸 G5，手摇机构脱开工作台方可液压驱动，工作台移动后由撞块撞向杠杆时，工作台即能反向移动。"左""右"撞块交替撞换向杠杆（抖动阀 R 的自动往复机构），即实现了工作台往复运动，工作台往复运动由操纵箱内主换向阀、开停阀、机动先导阀、节流阀 J 控制。

旋转节流阀 J 可实现工作台往复运动的无级调速。

旋转停留阀 L1（L2）可控制工作台左（右）换向停留时间。

置开停阀于"停"位置时，液压缸 G5 两腔互通压力油，手摇机构齿轮啮合，工作台可手摇。

二、砂轮架快速进退运动

砂轮架快速进退运动是由快进退阀 V1 控制，当快速进退阀 V1 置于"进"位置时，行程开关 SQ1 发出信号，头架电动机及冷却泵电动机能起动，反之头架电动机及冷却水泵电动机停止转动。

液压缸 G2 终端位置有缓冲装置，可防止冲击。

三、砂轮架周期进给

M1432B 型万能外圆磨床在磨削工件时，能实现自动进给，当工作台左（右）换向时，砂轮架自动进给称为左（右）进给；当工作台换向时，两端均有进给称为双进给；转动选择阀至相应位置时，可实现砂轮架左、右双进给和无进给磨削。

调节节流阀 L3、L4 可控制进给速度，以满足短距离双进给的需要。

闸缸 G3 在压力油的作用下，始终顶在砂轮架上，以消除丝杠和螺母的间隙。

四、尾座顶尖伸缩

当砂轮架处于"退"位置时，踏下脚踏板，尾座阀 V2 换向，压力油流经尾座液压缸，通过杠杆使尾座顶尖向后退回，将工件松开。松开脚踏板，尾座阀 V2 在弹簧力作用下复位，尾座液压缸接通油箱，尾座顶尖在弹簧力的作用下向前伸出。

由图 3-5 可见，尾座顶尖的伸缩与砂轮架的快进是联锁的，即进退阀 V1 的手柄处于"进"位置时，即便操作者误踏脚踏板，也不会有压力油进入尾座液压缸，尾座顶尖不会退回，这样就保证了工件的安全。

五、导轨及丝杠的润滑及其他注意事项

导轨润滑压力油经过滤器 XU2 过滤，润滑油稳定器 S 调节后对工作台 V 形导轨、平导轨及丝杠、螺母进行润滑。

在磨削工件前，必须先打开放气阀 F，将工作台在全行程上往复数次，排除液压缸内空气，然后关闭放气阀开始磨削，以防止低速爬行和保证换向精度。

在进行内圆磨削时，砂轮架快速进退阀 V1 由电磁铁 YA 联锁，砂轮架即不能快速进退，起安全保护作用。

第四节　M1432B 型万能外圆磨床主要部件结构与调整

一、头架

M1432B 型万能外圆磨床头架结构如图 3-6 所示。头架由两个"L"形螺钉固定在工作台上。头架壳体可绕定位柱 7 在体座 10 上面回转，按加工需要在逆时针方向 90°范围内作任意角度调整。头架电动机装在体壳顶部；电动机运动由连接在电动机轴上的带轮 1，通过聚氨酯多楔带将运动传至主轴带轮 2 和拨盘 3，由拨杆 12 带动装夹在头架顶尖中的工件旋转。头架变速可通过调节电动机调速板旋钮改变电动机转速来实现。

头架传动方式有固定顶尖式和卡盘式两种。

1. 固定顶尖式

在主轴莫氏孔内安装顶尖，并通过顶杆 5 阻止主轴旋转（顶尖按顺时针方向旋转到主轴转不动即可，不可硬扳）。这时主轴被固定，不能旋转，工件由与带轮连接的拨盘 3 上的拨杆 12 带动。

2. 卡盘式

在安装卡盘磨削前，用千分表顶在主轴端部，通过顶杆 5 按逆时针方向旋转，并读取千分表读数，在主轴无阻滞旋转后，把装在拨盘 3 上的传动键 8 插入主轴，再用螺钉将传动键固定（注意：用螺钉固定传动键时，不能使传动键的顶端顶住主轴，以免破坏磨削精度），然后再用螺钉 6 将卡盘（自定心卡盘：K11-200C/A24；单动卡盘：K72-200/A24）安装在主轴大端的端部圆锥体上，就能安装工件，起动头架电动机。

如果工件具有莫氏 4 号锥体（例如顶尖），可直接插在主轴锥孔中，装上传动键 8 进行磨削（例如自磨顶尖）。

若磨削内孔零件需要冷却时，可由主轴后端孔通入冷却管进行冷却，并将冷却管在顶杆 5 内用螺钉 4 固定。

将头架固定在工作台上可先将两个螺钉 9 旋紧，然后再旋紧螺钉 9 中的内六角螺钉（左牙），这样就将头架固定在工作台上。

头架的侧母线可通过定位柱 7 进行微量调整，以保持头架、尾座中心在侧母线上一致。

头架的侧母线与砂轮架导轨的垂直可通过偏心轴 11 进行微量调整，调整后必须将偏心轴锁紧。

在拆下自定心卡盘后（单动卡盘同样），主轴端部的 10 个 M10 螺纹孔用油脂密封，以免螺纹孔生锈。

二、尾座

M1432B 型万能外圆磨床尾座结构如图 3-7 所示。

尾座体壳 5 用一个"L"形螺钉固定在工作台右边。尾座顶尖套 6 后退动作有手动和液动两种方法。

1. 手动

顺时针方向转动手柄 2，带动拨杆 3 转动，使尾座顶尖套 6 克服弹簧力向后移动。

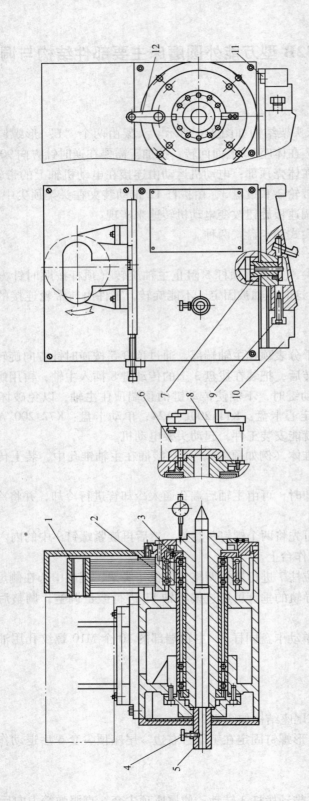

图 3-6 M1432B 型万能外圆磨床头架结构

1—带轮 2—主轴带轮 3—拨盘 4—螺钉 5—顶杆 6—螺钉 7—定位柱 8—传动键 9—螺钉 10—体座 11—偏心轴 12—拨杆

2. 液动

砂轮架在快速后退位置，脚踏床身前下方的脚踏板，压力油推动活塞 4，拨杆 3 转动，带动顶尖套 6 向后移动。工件在头架、尾座顶尖间的顶紧力必须适中，不宜过大也不允许工件在磨削过程中落下去，顶紧力的大小可通过旋转捏手 1 进行调整，捏手 1 右旋时，顶紧力增加，左旋时，顶紧力减小。

在尾座顶尖部端盖上也可安装砂轮修整器，进行砂轮外圆的修整。

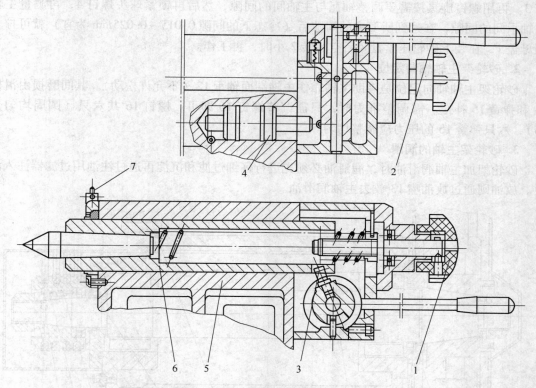

图 3-7　M1432B 型万能外圆磨床尾座结构
1—捏手　2—手柄　3—拨杆　4—活塞　5—尾座体壳　6—尾座顶尖套　7—砂轮修整器

三、砂轮架

砂轮架的结构如图 3-8 所示。由于其中的砂轮直接用于磨削工件，所以，砂轮架中的主轴及其支承部分直接影响加工质量，故应具有较高的旋转精度、刚度、抗振性及耐磨性。为了满足这些要求，在该磨床上采用特殊结构的滑动轴承。M1432B 型万能外圆磨床主轴的径向支承采用的是左右两对由四块扇形轴瓦组成的滑动轴承。

1. 砂轮架主轴轴承间隙的调整

砂轮架主轴 10 是被安装于左右两对由四块扇形轴瓦 5 组成的滑动轴承中，每块轴瓦由可调球头螺钉 4 或轴瓦支承螺钉 7 支承。轴承与主轴间隙用球头螺钉 4 来调整。

轴承与主轴的间隙在制造厂已调整好，一般可长期工作，不要随意松动螺钉 2。如在工作过程中发现因主轴在热态下间隙大于 0.02mm（测量方法：将校表顶在砂轮架主轴 10

的砂轮压紧盘 8 的安装锥面上，用手抬起主轴进行测量）而影响磨削质量时，可作重新调整，调整过程如下：

1）拆下砂轮压紧盘 8，放松传动带，测量主轴与轴承间隙。

2）取下传动带罩壳和带轮上的所有传动带。

3）准备工具：转动主轴的扳手；$S=8$ 的内六角扳手；螺钉旋具。

4）维持左右两端下方的轴瓦不动，拧出左右上方轴承的螺母盖 1、螺钉 2、轴瓦紧定螺钉 3。再用螺钉旋具按需要调整轴瓦与主轴间的间隙，然后再锁紧球头螺钉 4，再测量主轴与轴承间的间隙，在达到所要求的间隙后（冷态下的间隙 0.015～0.025mm 为宜）就可拧上螺母盖 1，在装上砂轮压紧盘 8 后空运转 2 小时，再工作。

2. 砂轮架主轴轴向定位

砂轮架主轴轴向定位是借助主轴靠住主轴端面轴承 12（不允许松动）。其间磨损由滑柱 14 和弹簧 15 补偿。需调整推力时，只需调节螺钉 16 即可。螺钉 16 共六只（圆周均匀分布），六只弹簧 15 的压力应调整均匀。

3. 砂轮架主轴的润滑

砂轮架加主轴润滑油时，润滑油必须先进行仔细过滤和沉淀再通过注油用过滤器注入油池。放油则通过放油嘴 13 放去主轴润滑油。

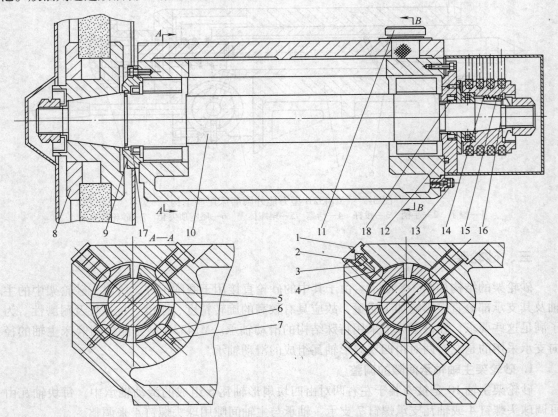

图 3-8　M1432B 型万能外圆磨床砂轮架结构

1—螺母盖　2—螺钉　3—轴瓦紧定螺钉　4—球头螺钉　5—轴瓦　6—垫圈　7—轴瓦支承螺钉　8—砂轮压紧盘
9—法兰盖　10—砂轮架主轴　12—主轴端面轴承　13—放油嘴　14—滑柱　15—弹簧　16—螺钉　17、18—油封

四、内圆磨具

M1432B 型万能外圆磨床的内圆磨具如图 3-9 所示。

此磨具装在可翻转的内圆磨架的支承孔中，由专门电动机带动。需要磨削内孔时，向下翻转到工作位置，不工作时翻转到上方。

由于内圆磨削时砂轮直径较小，为了达到足够的磨削速度，所以转速较高（10000r/min）。为保证加工精度和表面粗糙度的要求，内圆磨具的主轴组件应具有较高的旋转精度和刚度，所以主轴前后支承采用了两对 D 级精度的角接触球轴承，安装方式如图 3-9 所示。采用沿圆周方向均匀分布的八根弹簧 3 对轴承进行预紧。通过套筒 2 和 4 顶紧轴承的外圈，产生预紧力。轴承采用锂基润滑脂润滑。为了防止灰尘及其他杂物进入，前轴承采用了迷宫式密封装置。

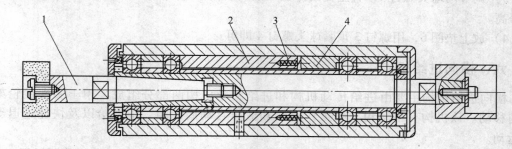

图 3-9　M1432B 型万能外圆磨床的内圆磨具
1—轴　2、4—套筒　3—弹簧

五、内圆磨具支架

内圆磨具支架结构如图 3-10 所示。

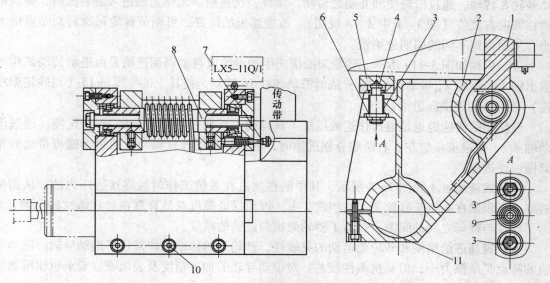

图 3-10　M1432B 型万能外圆磨床内圆磨具支架结构
1—底座　2—支架体壳　3—螺钉　4—球头螺钉　5—球面支块　6—垫圈　7—插销　8—心轴　9—螺钉　10、11—螺钉

内圆磨具支架的底座 1 装在砂轮架体壳的盖板上，支架体壳 2 可绕与底座 1 固定的心轴 8 回转。当需进行内圆磨削时，将支架体壳 2 翻下，通过两个球头螺钉 4 和两个具有球面的支块 5 支承在砂轮架体壳前侧凸台上，并用螺钉 9 紧固在砂轮架体壳上。在磨削外圆时，需将支架体壳 2 翻上去，并用插销 7 定位。此时，必须保证体壳 2 压住行程开关 LX5-11Q/1，并安装好平带防护罩。

支架体壳 2 上安装内圆磨具的孔的中心线与头架主轴中心线等高，在制造厂已调整好，一般不需要另行调整，如在工作过程中，发现因等高不好而磨不好工件孔时，可做重新调整，调整过程如下：

1）松开螺钉 9。

2）用 $S=5$ 的内六角扳手拧下两螺钉 3，同时取下两个垫圈 6。

3）调节两球头螺钉 4，直至支架体壳 2 上安装内圆磨具的孔的中心线与头架主轴中心线等高。

4）放上垫圈 6，用螺钉 3 顶紧球头螺钉 4 即可。

六、横向进给机构

横向进给机构主要由进给传动机构和进给移动机构两部分组成，用于实现砂轮架的横向移动。该机构有手动粗、细工作进给和液压自动周期粗、细进给以及快速进退等几种运动。

为了保证磨削工件的尺寸精度，所以要求横向进给机构定位要准确、操作要轻便，尤其是做微量进给时，应能保证准确的进给量。

横向进给机构如图 3-11 所示。转动手轮 11，可以实现手动横向进给。旋钮 13 用来补偿砂轮磨损后对工件尺寸的影响。

自动周期进给由压力油推动棘爪液压缸中柱塞 18，带动棘爪 19 轴向移动实现。棘爪拨动棘轮 8 转动，通过齿轮使轴 Ⅱ 随之转动，实现一次进给。无压力油进入缸右腔时，弹簧推动柱塞向右复位（图 3-11 中 A—A 视图）。改变遮板的位置，可调节棘轮每次转动角度的大小，从而得到不同的周期进给量。

进给机构如图 3-11a 所示。砂轮架的横向手动进给或自动周期进给是由进给传动机构的输出轴 Ⅰ 经齿轮 Z_{44} 带动齿轮 Z_{88}，从而带动丝杠 16 转动，使其上的半螺母 15（与砂轮架相连）移动，实现横向进给。

砂轮架的快速进退是通过快进液压缸 1 获得的。活塞杆右端与丝杠 16 相连接（通过滚动轴承），快进液压缸左、右两腔分别进油时，活塞杆带动丝杠移动，通过半螺母带动砂轮架做快速进退。

柱塞式液压缸 4 如图 3-12 所示，其中的柱塞缸在系统工作时始终接通压力油，从而使柱塞一直顶紧在固定于砂轮架上的挡铁 2 上，因而保证螺母总是紧靠在丝杠螺纹的一侧，消除了丝杠与螺母之间的间隙，提高了砂轮架横向进给的精度。

为了提高进给精度和砂轮架运动的灵敏性，砂轮架的移动机构采用了滚动导轨。滚动导轨的特点是摩擦力小，但是抗振性较差。对滚动导轨的加工精度及表面硬度要求也比滑动导轨高。

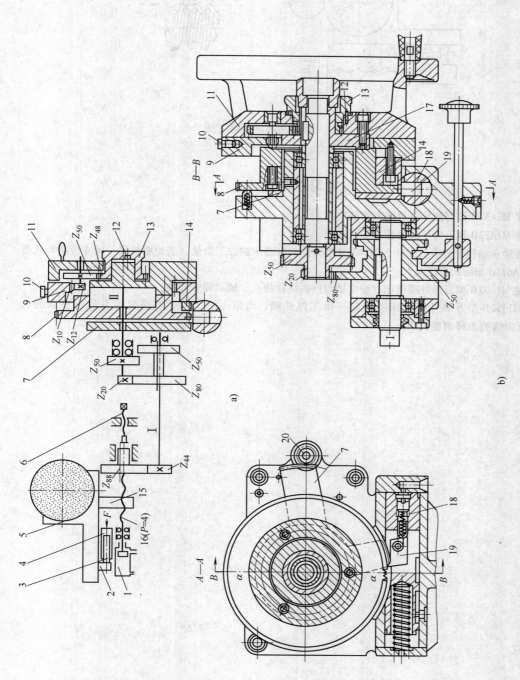

图 3-11　横向进给机构（M1432B）

a）传动系统图　b）结构图

1—液压缸　2—挡铁　3、18—柱塞　4—柱塞式液压缸　5—砂轮架　6—定位螺杆　7—遮板　8—棘轮　9—刻度盘　10—挡销
11—手轮　12—销钉　13—旋钮　14—撞块　15—半螺母　16—丝杠　17—中间体　19—棘爪　20—齿轮

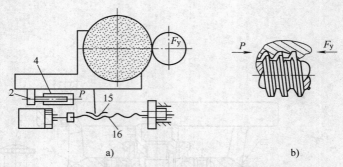

图 3-12　丝杠与螺母间隙的消除方法
a）传动系统图　b）丝杠与螺母局部剖视图

复习思考题

1. 简述 M1432B 型万能外圆磨床有哪些功用。

2. 简述 M1432B 型万能外圆磨床有哪些运动。

3. 从传动和结构上分析，为什么 M1432B 型万能外圆磨床的加工质量（表面粗糙度、尺寸精度和几何精度）比 CA6140 型卧式车床高？

4. 简述 M1432B 型万能外圆磨床砂轮主轴组件的结构特点、轴承调整方法。

5. 在 M1432B 型万能外圆磨床上磨削一批工件外圆，当第一个工件试磨后发现直径比要求的大 0.04mm，此时需要怎样调整机床？

第四章 数控机床概述

第一节 数控机床简介

一、数控机床的产生

在传统的机械制造业中，一个生产企业采用什么样的机床装备，主要取决于它的生产类型。对大批量生产，企业一般采用专用机床、组合机床、专用自动化生产线及相应的工装，这种生产方式投资大、周期长，产品不易更新换代。对于单件和中、小批量生产，采用专用机床显然不合理，长期以来只能采用通用万能机床进行加工，而这种机床需要调整和制造靠模，不但耗费大量的手工劳动，而且生产准备周期过长，加工精度也难以达到更高的要求。

当今世界已进入信息时代，科技进步日新月异，产品更新换代的步伐也不断加快。在现代机械制造工业中，单件与小批量生产的零件已占到机械加工总量的80%以上，而且对零件的质量和精度的要求更高，零件的形状也日趋复杂，普通机床逐渐不能满足市场竞争的要求。为实现多品种、小批量，特别是结构复杂、精度要求高的零件的自动化生产，迫切需要一种灵活、通用、能够适应产品频繁变化的"柔性"自动化机床，因此，数字控制（Numerical Control）机床应运而生。

数字控制机床，简称数控机床，是一种由数字控制系统对数字化信息进行处理而实现自动控制的机床。最初的数字控制（NC，Numerical Control）系统是由数字逻辑电路构成的，因而称为硬件数控系统。随着计算机技术的发展，硬件数控系统已逐渐被淘汰，被计算机数字控制（CNC，Computer Numerical Control）系统取代。CNC系统完全由软件处理数字信息，可以处理逻辑电路难以处理的复杂信息，使数控机床的性能大大提高。

二、数控机床的加工原理

在机床上加工零件，是通过刀具和工件的相对运动实现的。若把坐标系设置在工件上（加工时一律假设工件静止不动，刀具运动），只要在该坐标系中使刀尖的运动轨迹满足工件轮廓的要求，就可加工出合格的零件。因此，数控装置的任务就是要控制刀尖运动轨迹，并使其满足零件图样的要求。

刀尖沿各坐标轴的相对运动，是以脉冲当量为单位的（mm/脉冲）。数控装置按照加工程序的要求，向各坐标轴输出一系列的脉冲，控制刀具沿各坐标轴移动相应的位移量，达到要求的位置和速度。

当刀尖运动轨迹为直线或圆弧时，数控装置在线段的起点和终点坐标值之间进行"数据点的密化"，求出一系列中间点的坐标值，然后按中间点的坐标值，向各坐标轴输出脉冲数，保证加工出需要的直线或圆弧轮廓。

数控装置进行的这种"数据点的密化"称为插补。一般数控装置都具有对基本数学函数，如直线函数和圆函数进行插补的功能。

当刀尖运动轨迹为任意曲线时，是由该数控装置所能处理的基本数学函数来逼近的，例如用直线函数、圆函数等。图4-1所示为在数控机床上加工 $y=f(x)$ 曲线时，用直线逼近的情况。当然，逼近误差 δ_{max} 必须小于零件公差。

用直线段或圆弧线段逼近非圆曲线称为拟合，逼近时所用的直线段或圆弧线段称为拟合线段。拟合线段与曲线的交点称为节点，如图4-1中的 a、b、c、d、e 均为节点。只要求出节点 a、b、c、d、e 的坐标值，按节点写出直线插补程序，数控装置就可以进行节点间"数据点的密化"，并向各坐标轴分配脉冲，控制刀具完成该直线段的加工。

用拟合线段代替原来的轮廓曲线，这实际上是一种近似加工。

例如，要加工图4-2所示的曲线 L，可将曲线 L 分成 ΔL_0、ΔL_1、ΔL_2、$\cdots$、ΔL_i 等线段。设：切削 ΔL_i 的时间为 Δt_i，当 $\Delta t_i \to 0$，则 ΔL_i 越小，刀具的轨迹越能逼近曲线 L，即：

$$\lim_{\Delta t_i \to 0} \sum_{i=0}^{\infty} \Delta L_i = L$$

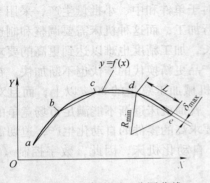

图4-1　用直线逼近非圆曲线

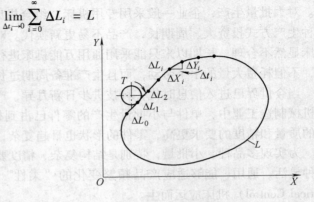

图4-2　数控机床加工原理

三、数控机床的组成

数控机床一般由控制介质（程序载体）、人机交互装置、数控系统、包含伺服电动机和检测反馈装置的伺服系统、机床本体等组成，如图4-3所示。

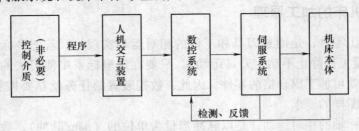

图4-3　数控机床的组成

1. 控制介质（非必要）

控制介质又称信息载体，是人与数控机床之间联系的中间媒介物质，反映了数控加工中的全部信息。

简单的数控加工程序，可以直接通过操作面板上的按钮和键盘进行手工输入。当需要自动输入加工程序时，必须预先制作控制介质。现在大多数程序采用移动存储器、硬盘作为控制介质，采用计算机传输进行自动输入。

2. 人机交互装置

人机交互装置主要有键盘、显示器等。

3. 数控系统

数控系统是机床实现自动加工的核心，主要由输入装置、监视器、主控制系统、可编程控制器、各类输入/输出接口等组成。主控制系统主要由 CPU、存储器、控制器等组成。数控系统的主要控制对象是位置、角度、速度等机械量，以及温度、压力、流量等物理量，其控制方式又可分为数据运算处理控制和时序逻辑控制两大类。其中控制器内的插补模块就是根据所读入的零件程序，通过译码、编译等处理后，进行相应的刀具轨迹插补运算，并通过与各坐标伺服系统的位置、速度反馈信号的比较，从而控制机床各坐标轴的位移。而时序逻辑控制通常由可编程控制器 PLC 来完成，它根据机床加工过程中各个动作要求进行协调，按各检测信号进行逻辑判别，从而控制机床各个部件有条不紊地按顺序工作。

4. 伺服系统

伺服系统是数控系统和机床本体之间的电传动联系环节，主要由伺服电动机、驱动控制系统和位置检测与反馈装置等组成。伺服电动机是系统的执行元件，驱动控制系统则是伺服电动机的动力源。数控系统发出的指令信号与位置反馈信号比较后作为位移指令，经过驱动控制系统的功率放大后，驱动伺服电动机运转，再通过机械传动装置带动工作台或刀架运动。

5. 机床本体

数控机床的本体指其机械结构实体，与传统的普通机床相比较，它同样由主传动系统、进给传动系统、工作台、床身以及立柱等部分组成，但数控机床的整体布局、外观造型、传动系统、工具系统及操作机构等方面都发生了很大的变化。为了满足数控技术的要求和充分发挥数控机床的特点，归纳起来主要有以下几个方面的变化：

1）采用高性能主传动及主轴部件。具有传递功率大、刚度高、抗振性好及热变形小等优点。

2）进给传动采用高效传动件。具有传动链短、结构简单、传动精度高等特点，一般采用滚珠丝杠副、直线滚动导轨副等。

3）具有完善的刀具自动交换和管理系统。

4）在加工中心上一般具有工件自动交换机构、工件夹紧和松开机构。

5）机床本身具有很高的动、静刚度。

6）采用全封闭防护。由于数控机床是自动完成加工，为了操作安全，一般采用移动门结构的全封闭防护，对机床的加工部件进行全封闭。

四、数控机床的特点

1. 具有高度柔性

在数控机床上加工零件时，加工程序是加工过程的核心，数控机床与普通机床不同，不必制造、更换许多工具、夹具，不需要经常调整机床。因此，数控机床适用于零件频繁更换的场合，也就是适合单件、小批量生产及新产品的开发，它缩短了生产准备周期，节省了大量工艺设备的费用。

2. 加工精度高

数控机床的加工精度，一般可达到 0.005～0.1mm，数控机床是以数字信号形式进行控制的，数控装置每输出一个脉冲信号，则机床移动部件移动一个脉冲当量（一般为 0.001mm），而且机床进给传动链的反向间隙与丝杠螺距平均误差可由数控装置进行补偿，因此，数控机床定位精度比较高。

3. 加工质量稳定、可靠

加工同一批零件，在同一机床，在相同加工条件下，使用相同刀具和加工程序，刀具的进给轨迹完全相同，零件的一致性好，质量稳定。

4. 生产率高

数控机床目前正进入高速加工时代，移动部件的快速移动和定位及高速切削加工，有效地减少了零件的加工时间和辅助时间，提高了生产效率。

5. 改善劳动条件

数控机床加工前经调整好后，输入程序并起动，机床就能自动连续地进行加工，直至加工结束。操作者需要做的主要是程序的输入、编辑、装卸零件、刀具准备、加工状态的观测、零件的检验等工作，劳动强度大大降低，机床操作者的劳动趋于智力型工作。另外，机床一般是封闭式加工，既清洁，又安全。

6. 有利于生产管理现代化

数控机床的加工，可预先精确估计加工时间，所使用的刀具、夹具可进行规范化、现代化管理。数控机床使用数字信号与标准代码为控制信息，易于实现加工信息的标准化。目前数控机床已与计算机辅助设计与制造（CAD/CAM）有机地结合起来，构成了现代集成制造技术的基础。

由于数控机床与普通机床相比，价格昂贵，养护与维修费用较高，如果使用和管理不善，容易造成浪费并直接影响经济效益。因此，要求设备操作人员和管理者有较高的素质，严格遵守操作规程和履行管理制度，以利于降低生产成本，提高企业的经济效益和市场竞争力。

第二节　数控机床的分类

目前，数控机床品种齐全、规格繁多，可从不同的角度对其进行分类。

一、按工艺用途分类

1. 切削加工类

切削加工类指具有切削加工功能的数控机床，如数控车床、数控铣床、数控钻床、数控镗床、数控磨床、数控齿轮加工机床、数控螺纹加工机床等。

2. 成形加工类

成形加工类指通过物理方法改变工件形状的数控机床，如数控折弯机、数控冲床等。

3. 特种加工类

特种加工类指具有特种加工功能的数控机床，如数控电火花线切割机床、数控电火花成形机床、数控激光切割机床、数控等离子切割机床等。

4. 其他类型

其他类型数控机床还有数控装配机、数控测量机、机器人等。

二、按进给伺服系统分类

按照进给伺服系统有无位置检测及反馈元件，数控机床可分为开环控制和闭环控制两种。在闭环控制中，根据测量装置安装的位置不同又分为半闭环和闭环两种。

1. 开环控制数控机床

如图 4-4 所示，开环控制系统没有位置检测及反馈装置，数控装置发出的信息流向是单向的，故系统的稳定性好，但由于对运动部件的实际位移无检测反馈，所以定位精度不高。开环控制系统的数控机床，一般采用步进电动机作为伺服驱动元件，数控装置输出的脉冲，经过步进驱动器的环形分配器和功率放大电路，最终控制步进电动机的角位移，再经过机械传动链，实现运动部件的直线位移。

开环控制系统具有结构简单、价格低廉、调试维修方便和可靠性高等优点，适用于精度、速度要求不高的经济型数控机床。

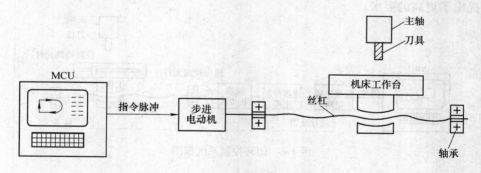

图 4-4　开环控制系统框图

2. 半闭环控制数控机床

如图 4-5 所示，半闭环控制系统的位置反馈采用角位移检测装置（如光电脉冲编码器等），安装在伺服电动机或滚珠丝杠的端头，通过检测伺服电动机或丝杠的转角，间接得知运动部件的位移量，并反馈给数控装置，与输入指令进行比较，通过差值进行控制，直至差值消除。电动机旋转到位，则认为移动部件移动到位。

由于在半闭环控制回路内没有惯性较大的机床运动部件，故控制系统具有良好的稳定性，而且结构简单，安装调试方便。另外，可以将伺服电动机与脉冲编码器做成一体，使系统变得更加紧凑，加之位置环外的各传动环节，如滚珠丝杠副等，均设计有可靠的消除间隙的结构，机床的精度、速度完全可以满足绝大多数用户的需要，因此，半闭环控制系统在现代 CNC 机床中得到了广泛应用，是数控机床的首选控制方式。

3. 闭环控制数控机床

如图 4-6 所示，闭环控制是在机床移动部件上安装位移检测装置（如光栅尺），直接测量移动部件的位移量，并反馈到数控装置中，与指令值进行比较，通过差值进行控制，直至

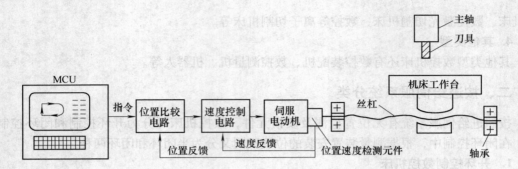

图 4-5　半闭环控制系统框图

差值消除。

闭环控制由于是直接测量，而且由于光栅尺的精度较高，故能保证机床有较高的定位精度。但由于系统将机械传动链的全部环节都包括在内，所以机床传动链的刚度、间隙、导轨的低速运动特性及系统的抗振性等非线性因素将直接影响系统的稳定性，严重时甚至会使伺服系统产生振荡，因此闭环控制系统对机床的结构刚性、传动部件的间隙及导轨移动的灵敏性等都提出了更高的要求。

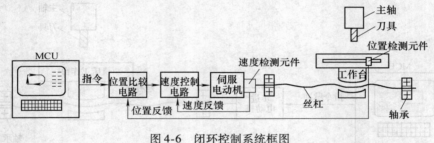

图 4-6　闭环控制系统框图

闭环控制系统定位精度高，但调试、维修较复杂，成本较高，一般用于高速、高精度的数控机床及行程较大的数控机床（如龙门加工中心）等。

三、按刀具运动轨迹分

1. 点位控制数控机床

机床数控系统只控制运动部件从一坐标点到另一坐标点的精确定位，刀具在移动过程中不进行加工，对两点间的移动速度和移动路线没有严格要求。为了减少移动时间和提高终点位置的定位精度，一般先行快速移动，当接近终点位置时再降速 1~3 级，使之慢速趋近终点，以保证定位精度。

采用点位控制的机床一般是单纯孔加工的机床，如数控钻床、数控坐标镗床、数控冲床等。图 4-7 所示为点位控制数控钻床加工示意图。使用数控钻床或数控坐标镗床加工零件不仅可以节省大量的钻模、镗模等工装，而且还能达到较高的孔距精度。

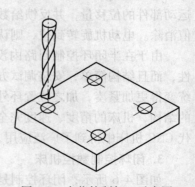

图 4-7　点位控制加工示意图

2. 点位/直线控制数控机床

如图 4-8 所示，这种机床的数控系统既要控制运动部件从一坐标点到另一坐标点的精确定位，还要控制两点间的速度和轨迹。其轨迹是平行于机床各坐标轴的直线，或两轴同时移动构成的斜线。

采用点位/直线控制的是一些简单的数控机床，如早期的数控车床、数控铣床等。

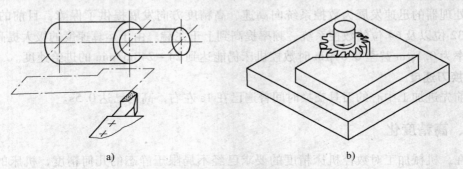

图 4-8　点位/直线控制加工示意图
a）数控车床加工示意图　b）数控铣床加工示意图

3. 轮廓控制数控机床

轮廓控制又称连续轨迹控制，它能够对两个或两个以上的坐标轴同时进行控制，不仅能够精确控制运动部件起点和终点坐标位置，而且能精确控制整个加工运动轨迹，如图 4-9 所示。

目前绝大多数的数控车床、数控铣床、数控磨床、数控齿轮加工机床和各类数控线切割机床均采用轮廓控制方式。

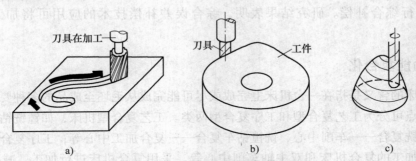

图 4-9　轮廓控制数控机床加工示意图
a）加工内轮廓表面　b）加工外轮廓表面　c）加工空间曲面

第三节　数控机床的发展趋势

一、高速化

随着航空、航天、汽车、国防、模具等工业的高速发展以及新型合金、塑料等材料的应用，对数控机床加工的高速化要求越来越高。

1. 主轴转速

采用电主轴（内装式主轴电动机）的数控机床，其主轴最高转速可达 $2 \times 10^5 \text{r/min}$。

2. 进给率

在分辨率为 $0.01\mu m$ 时，最大进给率可达到 240m/min 且可获得复杂型面的精确加工。

3. 运算速度

微处理器的迅速发展为数控系统向高速、高精度方向发展提供了保障，目前的 CPU 已发展到 32 位以及 64 位的数控系统，频率提高到上千兆赫。由于运算速度的极大提高，使得当分辨率为 $0.1\mu m$ 甚至 $0.01\mu m$ 时数控机床仍能达到 $24 \sim 240 \text{m/min}$ 的进给速度。

4. 换刀速度

目前先进加工中心的刀具交换时间普遍已在 1s 左右，高的已达 0.5s。

二、高精度化

现在，机械加工对数控机床精度的要求已经不局限于静态的几何精度，机床的运动精度、热变形以及对振动的监测和补偿越来越受到重视。

1. 提高 CNC 系统控制精度

采用高速插补技术，以微小程序段实现连续进给，使 CNC 控制单位精细化，并采用高分辨率位置检测装置，提高位置检测精度（日本已开发装有 106 脉冲/r 的内藏位置检测器的交流伺服电动机，其位置检测精度可达到 $0.01\mu m$/脉冲），位置伺服系统采用前馈控制与非线性控制等方法。

2. 采用误差补偿技术

采用反向间隙补偿、丝杠螺距误差补偿和刀具误差补偿等技术，对设备的热变形误差和空间误差进行综合补偿。研究结果表明，综合误差补偿技术的应用可将加工误差减少 $60\% \sim 80\%$。

三、功能复合化

复合机床的含义是指在一台机床上完成或尽可能完成从毛坯至成品的多种要素加工。根据其结构特点可分为工艺复合型和工序复合型两类。工艺复合型机床，如镗铣钻复合——加工中心、车铣复合——车削中心、铣镗钻车复合——复合加工中心等；工序复合型机床如多面多轴联动加工的复合机床和双主轴车削中心等。采用复合机床进行加工，减少了工件装卸、更换和调整刀具的辅助时间以及中间过程产生的误差，提高了零件加工精度，缩短了产品制造周期，提高了生产效率和制造商的市场反应能力，相对于传统的工序分散的生产方式具有明显的优势。

加工过程的复合化也导致了机床向模块化、多轴化发展。随着现代机械加工要求的不断提高，多轴联动数控机床越来越受到各大企业的欢迎。

四、智能化

随着人工智能技术的发展，为了满足制造业生产柔性化、制造自动化的发展需求，数控机床的智能化程度在不断提高。具体体现在以下几个方面：

1. 加工过程自适应控制技术

通过监测加工过程中的切削力、主轴和进给电动机的功率、电流、电压等信息，利用算法进行识别，辨识出刀具的受力、磨损、破损状态及机床加工的稳定性状态，并根据这些状态实时调整加工参数（主轴转速、进给速度）和加工指令，使设备处于最佳运行状态，以提高加工精度、降低加工表面粗糙度并提高设备运行的安全性。

2. 智能故障自诊断与自修复技术

根据已有的故障信息，应用现代智能方法实现故障的快速准确定位。

3. 智能 4M 数控系统

在制造过程中，加工、检测一体化是实现快速制造、快速检测和快速响应的有效途径，将测量（Measurement）、建模（Modelling）、加工（Manufacturing）、机器操作（Manipulator）四者（即 4M）融合在一个系统中，实现信息共享，促进测量、建模、加工、装夹、操作的一体化。

五、高可靠性

生产厂家注意把提高可靠性贯穿于整个设计、生产、调试、包装、出厂全过程。目前，数控系统平均无故障时间已达 30000～36000h。

复习思考题

1. 简述数控机床的组成。
2. 数控机床是如何分类的？
3. 何谓开环、半闭环和闭环控制系统？其优缺点何在？各适用于什么场合？
4. 简述数控机床的发展趋势。

第五章　数控机床的典型结构

数控机床是按照预先编好的程序进行加工的，在加工过程中不需要人工参与，故要求数控机床能够长时间稳定可靠地工作，以满足重复加工过程的需要。数控机床有着独特的机械结构，在结构刚性、抗振性、导轨接触面摩擦阻力以及传动元件中的间隙等方面都优于普通机床，从而使数控机床具有更高的生产效率及加工精度。

除机床基础件外，数控机床主要由以下各部分组成：

1）主传动系统。

2）进给传动系统。

3）工件实现回转、定位的装置及附件。

4）自动换刀装置。

5）实现机床辅助功能的系统和装置，如液压、气动、润滑、冷却、排屑、防护装置等。

6）实现其他特殊功能的装置，如监控装置、加工过程图形显示装置、精度检测装置等。

了解这些结构对于使用、调整和维修数控机床都是十分必要的。

第一节　数控机床的主传动系统

数控机床的主传动系统是指将主轴电动机的原动力变成可供切削加工用的切削力矩和切削速度的整个机械传动链，包括主轴电动机、中间传动环节和主轴部件，用来实现机床的主运动。

一、对数控机床主传动系统的要求

1）具有更大的调速范围，并可以无级调速。数控机床的主传动要求有较大的调速范围，以保证加工时能选用合理的切削用量，从而获得最佳的生产率、加工精度和表面质量。数控机床的变速是按照控制指令自动进行的，因此变速机构必须适应自动操作的要求，故大多数数控机床采用无级变速系统。

2）具有较高的精度和刚度，传动平稳，噪声低。数控机床加工精度的提高，与主传动系统具有较高的精度密切相关。为此，要提高传动件的制造精度与刚度，如对齿轮齿面进行高频感应淬火增加耐磨性；最后一级采用斜齿轮传动，使传动平稳；采用精度高的主轴轴承及合理的支承跨距等，以提高主轴组件的刚性。

3）良好的抗振性和热稳定性。数控机床在加工时，可能由于断续切削、加工余量不均匀等，使主轴产生振动，影响加工精度和表面粗糙度，严重时甚至可能破坏刀具或主传动系统中的零件，使其无法工作。主传动系统发热使其中的零部件产生热变形，降低传动效率，破坏零部件之间的相对位置精度和运动精度，造成加工误差。为此，主轴组件在装配前要进行动平衡试验，保持合适的配合间隙，保证有充足的润滑并有循环冷却等。

二、数控机床主传动配置方式

数控机床主传动系统主要有齿轮传动、带传动、直联传动、主轴内装式传动四种配置方式，如图 5-1 所示。

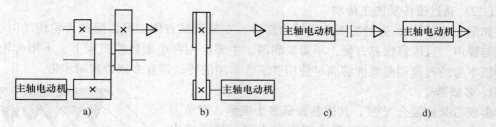

图 5-1　数控机床主传动配置方式

a）齿轮传动　b）带传动　c）直联传动　d）主轴内装式传动

（一）通过变速齿轮的主传动

如图 5-1a 所示，通过几对齿轮降速，增大主轴输出转矩，以满足强力切削的需要。该配置方式在大、中型数控机床采用较多。一般通过滑移齿轮的移位实现变速。

1. 双联滑移齿轮

双联滑移齿轮共有两个工作位置，可采用变速液压缸来移位，如图 5-2 所示。

变速液压缸右腔进油，活塞左移，带动拨叉及双联齿轮左移，此为高速档。

反之，变速液压缸左腔进油，活塞右移，带动拨叉及双联齿轮右移，此为低速档。

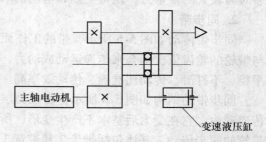

图 5-2　双联滑移齿轮移位

2. 三联滑移齿轮

三联滑移齿轮共有三个工作位置，采用三位液压拨叉来移位。

三位液压拨叉又称差动液压缸，其工作原理如图 5-3 所示。

如图 5-3a 所示，液压缸 1 进油，液压缸 5 回油，油压推动活塞杆 2 左移，带动拨叉 3，将三联齿轮拨至最左边。

如图 5-3b 所示，液压缸 5 进油，液压缸 1 回油，油压推动活塞杆 2 及套筒 4 右移，套筒 4 撞上缸壁后，油压继续推动活塞杆 2 右移，同时带动拨叉 3，将三联齿轮拨至最右边。

如图 5-3c 所示，液压缸 5 和 1 同时进油，液压缸 5 中的压力油推动活塞杆 2 及套筒 4 右移，直至套筒 4 撞上缸壁，而液压缸 1 中的压力油推动活塞杆 2 左移，因套筒 4 的圆环截面积比活塞

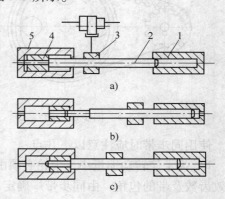

图 5-3　三位液压拨叉工作原理图

1、5—液压缸　2—活塞杆　3—拨叉　4—套筒

杆 2 右端的面积大，故活塞杆 2 右端的压力并不能推动套筒 4 左移，两边压力相等，拨叉拨动三联齿轮处于中间位置。

图 5-2 及图 5-3 中的液压缸均可用气缸来代替。气缸与液压缸的工作原理一致，只是介质不同。由于空气介质具有无色、无味、无污染等优点，使气缸在数控机床中得到了广泛的应用。

（二）通过带传动的主传动

如图 5-1b 所示，这种配置方式结构简单，安装调试方便，可以避免齿轮传动时引起的振动与噪声，且维修保养方便，不需要润滑。主要应用在小型数控机床上，不用齿轮变速，电动机本身的转速调整就能够满足使用要求。常用的传动带有多楔带和同步带。

1. 多楔带

多楔带又称复合 V 带，其横断面呈多个楔形，楔角为 40°，如图 5-4 所示。传递负载主要靠强力层，强力层中有多根钢丝绳或涤纶绳，具有较小的伸长率、较大的抗拉强度和抗弯强度。它综合了 V 带和平带的优点，重量轻、运转平稳、发热少。此外，多楔带与带轮的接触好，负载

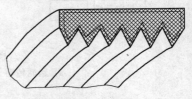

图 5-4　多楔带

分布均匀，即使瞬时超载，也不会产生打滑，传动效率比 V 带高 20%～30%。但多楔带安装时需较大的张紧力，使得主轴和电动机承受较大的径向负荷，这是多楔带的一大缺点。

2. 同步带

同步带传动如图 5-5 所示，带的工作面及带轮的外圆上均加工有齿，通过同步带的齿形与带轮的轮齿依次啮合来传递运动或动力，因此它同时具备了带传动和链传动的优点，传动平稳、不打滑，传动比准确、传动效率高。

同步带的结构如图 5-6 所示，由强力层和基体两部分组成。强力层 1 是抗拉元件，用于传递动力，它在受力后基本不产生变形，所以能保持同步带的齿距不变，从而实现主、从动带轮的同步传动。基体包括带齿 2 和带背 3，带齿应与带轮轮齿正确啮合，带背用于黏结包覆强力层。

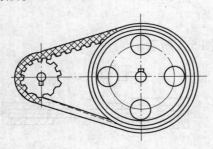

图 5-5　同步带传动

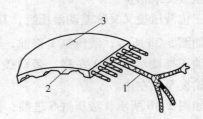

图 5-6　同步带的结构
1—强力层　2—带齿　3—带背

使用同步带时应注意以下几点：

1）为了使转动惯量小，带轮必须由密度小的材料制成。带轮所允许的最小直径，根据有效齿数及带的包角，由同步带厂确定。

2）为了对同步带长度的制造公差进行补偿并防止间隙，同步带必须预加载。预加载的方法可以是电动机的径向位移或是安装张紧轮。

3）对较长的自由同步带（大于带宽的 9 倍），为衰减带振动常采用张紧轮。张紧轮可以内置，也可以外置，优先选用外置形式，可以使同步带的包角增大。

（三）通过直联的主传动

如图 5-1c 所示，主轴电动机的中心线与主轴的中心线共线，由联轴器将电动机轴与主轴连接，电动机直接带动主轴旋转。

该配置方式传动链短，因而大大简化了主轴箱体及主轴的结构，有效地提高了主轴部件的刚度，但主轴转速的变化及转矩的输出和主轴电动机的输出特性一致，由于主轴转速较高，输出转矩小，因而在使用上受到一定限制。另外，电动机发热对主轴的精度影响较大。

数控机床常用的联轴器有以下几种。

1. 套筒联轴器

它由套筒和连接件（键或销钉）组成，如图 5-7 所示。一般当轴端直径 $d \leqslant 80\mathrm{mm}$ 时，套筒用 35 钢或 45 钢制造；当 $d > 80\mathrm{mm}$ 时，套筒也允许用铸铁制造。

套筒联轴器构造简单，径向尺寸较小，但装拆困难（轴需作轴向移动），且要求两轴严格对中，不允许有径向及角度偏差，因此使用上受到一定限制。

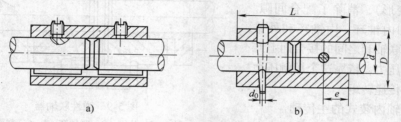

图 5-7　套筒联轴器

a）键连接　b）销钉连接

2. 凸缘联轴器

如图 5-8 所示，两个带有凸缘的半联轴器 1、2 分别与两轴相连接，然后用螺栓把两个半联轴器连成一体，以传递运动和转矩。

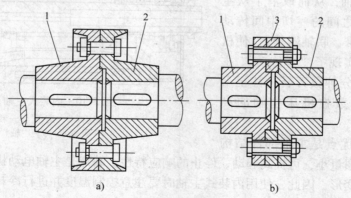

图 5-8　凸缘联轴器

1、2—半联轴器　3—剖分环

半联轴器 1、2 有两种对中方法。图 5-8a 所示是用半联轴器 1 的凸肩与半联轴器 2 的凹槽相配合而对中；图 5-8b 所示是两个半联轴器 1、2 均与剖分环 3 相配合而对中。连接螺栓可以采用铰制孔用螺栓，此时螺栓杆与孔为过渡配合，靠螺栓杆承受挤压与剪切来传递转矩（见图 5-8a）；也可采用半精制的普通螺栓，此时螺栓杆与孔壁间存有间隙，转矩靠半联轴器结合面间的摩擦力来传递（见图 5-8b）。

凸缘联轴器结构简单、成本低，能传递较大转矩，但要求两轴严格对中，不允许有径向及角度偏差，否则会在机件内引起附加载荷，使工作情况恶化。

3. 弹性联轴器

图 5-9 所示是数控机床上广泛采用的一种联轴器，它能补偿因同轴度误差及垂直度误差引起的"别劲"现象。

压圈 2 用螺钉与联轴套 3 连接，通过拧紧压圈上的螺钉，使压圈 2 对锥环 7 施加轴向压力。锥环分内锥环和外锥环，成对使用；由于锥环之间的楔紧作用，使得内锥环径向收缩，外锥环径向胀大（弹性变形），消除了配合间隙。同时，在轴和内锥环、内锥环和外锥环、外锥环和联轴套之间的接合面上产生很大的接触压力，依靠这个接触压力产生的摩擦力传递转矩。

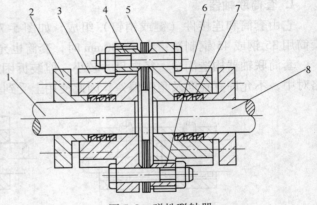

图 5-9 弹性联轴器

1—轴 1 2—压圈 3—联轴套 4、6—球面垫圈
5—柔性片 7—锥环 8—轴 2

（四）主轴内装式的主传动

内装式主轴又称内藏式主轴或电主轴，如图 5-10 所示。虽然内装式主轴的外形各不相同，但其实质都是一只转子中空的电动机，外壳有进行强制冷却的水槽，中空的转子用于直接安装各种机床主轴，从而取消了从主轴电动机到主轴之间的一切中间传动环节（如齿轮、带、联轴器等），使机床的主传动系统实现了"零传动"，主轴转速可达到每分钟数万转，甚至十几万转，实现了数控机床主轴的高速化。

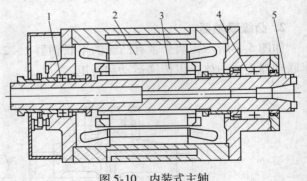

图 5-10 内装式主轴

1—后轴承 2—定子 3—转子
4—前轴承 5—主轴

主轴内装的优点是主轴部件结构紧凑，重量轻，惯量小，可提高起动、停止的响应特性。缺点是主轴电动机运转产生的热量易使主轴产生热变形，因此，使用内装式主轴时要注意控制温度并进行冷却。

三、主轴部件

主轴部件是机床的一个重要部件，它包括主轴、主轴的支承、安装在主轴上的传动零件等。主轴部件带动工件或刀具按照系统指令进行切削运动，因此它的精度、抗振性和热变形直接影响加工质量。

1. 主轴轴承

　　主轴轴承作为主轴的支承，它的类型、结构、精度、配置、润滑等直接影响主轴部件的工作性能。在数控机床上多采用滚动轴承作为主轴支承，因为滚动轴承摩擦系数小、预紧方便、维修润滑简单。滚动轴承由内圈、外圈、滚动体及保持架组成，如图 5-11 所示。常见的滚动体有球、圆柱滚子、圆锥滚子等。

　　表 5-1 为几种数控机床上常用的主轴轴承。

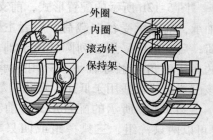

图 5-11　滚动轴承的构造

表 5-1　常用的主轴轴承

轴承类型	简图	承载方向	主要性能及应用
圆柱滚子轴承 a）单列 b）双列	a）　　　b）	只能承受径向载荷	内孔 1:12 锥度，内外圈可分离，并允许有少量轴向移动。当内圈沿锥形轴轴向移动时，内圈胀大，可以调整滚道间隙，但它对箱体孔、主轴颈的加工精度要求高
双向推力角接触球轴承		能承受径向和双向轴向载荷	接触角为 60°。这种轴承轴向刚度较高，一般与双列圆柱滚子轴承（上图 b）配套，用作主轴的前支承
高精度角接触球轴承		能承受径向和单向轴向载荷	接触角 α 越大，承载能力（轴向）越大。由于在承受径向载荷时将引起内部轴向力，因此通常是两只或多只配置使用。该种轴承极限转速高，适用于高速轻载的场合

2. 主轴轴承配置形式

　　主轴支承分为前支承和后支承，前、后支承分别使用何种轴承搭配，称为轴承的配置形式。数控机床常见的主轴轴承配置形式有三种，如图 5-12 所示。

　　图 5-12a 所示的配置形式，其前支承采用双列圆柱滚子轴承和 60°双向推力角接触球轴承，前者承受径向载荷，后者承受轴向载荷；后支承可采用双列圆柱滚子轴承或两只一组的高精度角接触球轴承，只用来承受径向载荷。这种配置形式使主轴的综合刚度得到大幅度提高，可以满足强力切削的要求，但由于前支承所用轴承结构复杂且尺寸较大，使主轴的极限

转速受限，因此适用于低速、重载的数控机床主轴。

图 5-12b 所示的配置形式，前支承采用双列圆柱滚子轴承和两只一组的高精度角接触球轴承，前者承受径向载荷，后者主要承受轴向载荷；后支承可采用双列圆柱滚子轴承或两只一组的高精度角接触球轴承，只用来承受径向载荷。该配置形式也适用于低速、重载的数控机床主轴。

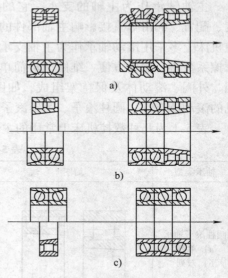

图 5-12c 所示的配置形式，前支承采用成组（可以两只一组、三只一组或四只一组）高精度角接触球轴承，可以同时承受径向和轴向载荷；后支承采用两只一组的高精度角接触球轴承或单列圆柱滚子轴承，只用来承受径向载荷。该配置形式因轴承的承载能力小，因而适用于高速、轻载和精密的数控机床主轴。

主轴轴承一般采用脂润滑、稀油润滑或油气润滑。脂润滑较方便，填充一次润滑脂可以用很多年，成本低、维护保养简单；稀油润滑需接通油管，同时要注意回油的收集；高速主轴可用油气润滑。

图 5-12　主轴轴承配置形式

第二节　数控机床的进给传动系统

进给传动系统即进给驱动装置，是指将伺服电动机的旋转运动变为其他部件的（直线或圆周）进给运动的整个机械传动链，主要包括减速装置（齿轮或带）、滚珠丝杠副（或齿轮—齿条副、蜗杆副）等。

一、对进给传动系统的要求

为确保数控机床进给系统的传动精度和工作平稳性，数控机床进给传动系统必须满足以下要求。

1. 高的传动精度与定位精度

设计中，通常采取如下措施：选用最佳降速比，以减小脉冲当量，提高机床的分辨率；采用合理的轴承支承形式，并合理预紧滚珠丝杠，以提高传动系统的刚度；尽量消除传动间隙，减小反向误差，提高位移精度等。

2. 宽的进给调速范围

可以适应各种工件材料、尺寸和刀具等变化的需要。例如，快进时速度要快，可以缩短辅助时间，提高加工效率；工进时速度要慢，可以完成精确定位及得到较高的加工精度。

3. 响应速度要快

即灵敏度要高，能精确地跟踪指令。

4. 无间隙传动

反向间隙存在于整个传动链的各个传动副中，直接影响数控机床的加工精度。因此，应尽量消除传动间隙。

5. 稳定性好、寿命长

稳定性是指系统在起动状态或受外界干扰作用下，经过几次衰减振荡后，能迅速地稳定在新的或原来的平衡状态的能力。

寿命是指数控机床保持其传动精度和定位精度的时间长短。

6. 使用、维护方便

最大限度地缩短维修时间，提高机床的利用率。

二、进给传动方式

数控机床常见的进给传动方式有齿轮传动、带传动、直联传动三种，如图 5-13 所示。各传动方式已在数控机床主传动配置方式中介绍过，在此不再赘述。

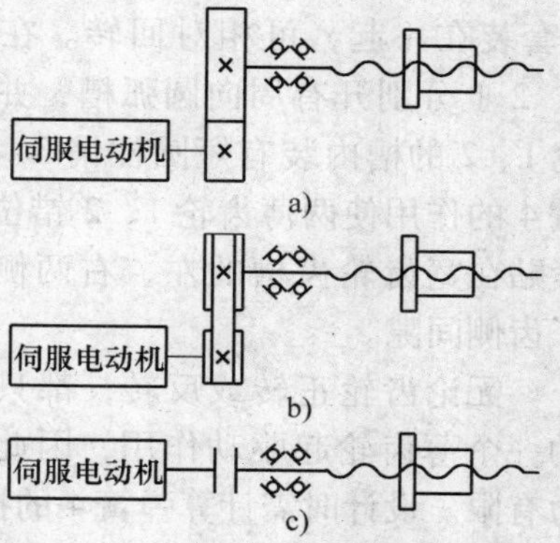

图 5-13 常见的进给传动方式
a）齿轮传动 b）带传动 c）直联传动

三、齿轮传动间隙的消除措施

数控机床在加工过程中，进给系统经常处于自动变向状态，反向时如果驱动环节中的齿轮等传动副存在间隙，就会使进给运动的反向滞后于指令信号，从而影响其驱动精度，因此必须采取措施消除齿轮传动中的间隙，以提高数控机床进给系统的驱动精度。

（一）直齿圆柱齿轮传动

1. 偏心套调整法

如图 5-14 所示，电动机 2 通过偏心套 1 装在壳体上，通过转动偏心套 1，使电动机 2 的中心线产生位移，而从动齿轮的中心线位置不变，这样就能够方便地调整两啮合齿轮的中心距，从而消除齿侧间隙。

2. 轴向垫片调整法

如图 5-15 所示，在加工相互啮合的两个齿轮 1、2 时，将其分度圆柱面改制成带有小锥度的圆锥面，使其齿厚沿轴向逐渐变厚。调整时，只要改变垫片 3 的厚度，使齿轮 2 沿轴向移动，而齿轮 1 不动，即可消除齿侧间隙。

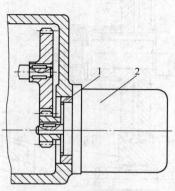

图 5-14 偏心套消除齿侧间隙
1—偏心套 2—电动机

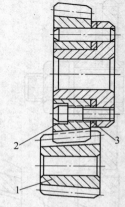

图 5-15 轴向垫片调整法
1、2—齿轮 3—垫片

上述两种方法的特点是结构简单，能传递较大的动力，但齿轮磨损后不能自动消除间隙。

3. 双片薄齿轮错齿调整法

如图 5-16 所示，在一对啮合的齿轮中，其中一个是宽齿轮，另一个由两个相同齿数的薄齿轮 1、2 组成，薄齿轮 1、2 套装在一起，可相对回转。在薄齿轮 1、2 上分别开有周向圆弧槽，并在薄齿轮 1、2 的槽内装有短圆柱销 3，由于弹簧 4 的作用使两薄齿轮 1、2 错位，分别紧贴在宽齿轮齿槽的左、右两侧，消除了齿侧间隙。

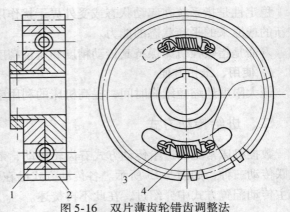

图 5-16　双片薄齿轮错齿调整法
1、2—薄齿轮　3—短圆柱销　4—弹簧

无论齿轮正转或反转，都只有其中的一个薄齿轮起驱动作用，因此承载能力有限。设计时需计算弹簧 4 的拉力，使它能克服最大转矩。

这种调整法可始终保持齿侧无间隙啮合，但结构复杂，传动刚度低，不宜传递大转矩，尤其适用于检测装置。

（二）斜齿圆柱齿轮传动

其消隙原理与双片薄齿轮错齿调整法相同。

1. 垫片调整法

如图 5-17 所示，宽齿轮 4 同时与两薄片斜齿轮 1、2 啮合。薄片斜齿轮 1 和 2 的齿形拼装在一起加工，它们的齿数相等，并用平键将其与轴连接，使薄片斜齿轮 1、2 之间无相对回转。装配时在薄片斜齿轮 1、2 中间加入垫片 3（厚度为 t），这样薄片斜齿轮 1、2 的螺旋线便错开了，使两薄片斜齿轮分别与宽齿轮的齿槽左、右侧面贴紧，从而消除了间隙。

2. 轴向压簧调整法

如图 5-18 所示，在薄片斜齿轮 1、2 的中间加入垫片（厚度为 t）加工其齿形，装配时将

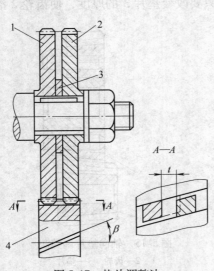

图 5-17　垫片调整法
1、2—薄片斜齿轮　3—垫片　4—宽齿轮

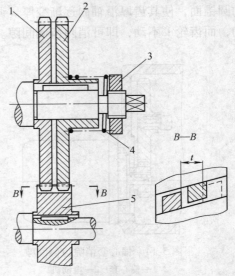

图 5-18　轴向压簧调整法
1、2—薄片斜齿轮　3—螺母　4—弹簧　5—宽齿轮

垫片去除。用平键将薄片斜齿轮 1、2 与轴连接，薄片斜齿轮 1、2 间无相对回转。转动螺母 3，通过弹簧 4 使薄片斜齿轮 2 和 1 产生相对轴向位移，使薄片斜齿轮 1、2 的螺旋线错开，则薄片斜齿轮 1、2 的齿侧分别贴紧在宽齿轮 5 的齿槽左、右两侧，消除了间隙。弹簧压力的调整应适当，压力过小起不到消隙的作用，压力过大则会使齿轮磨损加快，缩短使用寿命。

采用垫片调整法，齿侧间隙不能自动补偿。采用轴向压簧调整法，齿侧间隙可以自动补偿，但轴向尺寸大，结构不如前者紧凑。

（三）锥齿轮传动

1. 轴向压簧调整法

如图 5-19 所示，锥齿轮 1 和 5 啮合，在传动轴 4 上装有压簧 2，转动螺母 3 调整压簧 2 的弹力，锥齿轮 1 在弹力的作用下沿轴向移动，从而消除了锥齿轮 1 和 5 的间隙。

2. 周向弹簧调整法

如图 5-20 所示，将大锥齿轮加工成外圈 1 和内圈 2 两部分，外圈 1 上开有三个圆弧槽 8，内圈 2 的下端带有三个凸爪 4，套装在圆弧槽内。弹簧 6 的两端分别顶在凸爪 4 和镶块 7 上，使内外圈 1、2 的锥齿周向错位并与小锥齿轮 3 啮合，从而达到消除齿侧间隙的目的。安装时用螺钉 5 将内、外圈相对固定，待锥齿轮副安装完毕后再卸去。

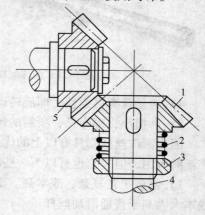

图 5-19　轴向压簧调整法
1、5—锥齿轮　2—压簧　3—螺母　4—传动轴

四、滚珠丝杠副

滚珠丝杠副是回转运动与直线运动相互转换的传动装置，在数控机床上得到广泛的应用，如图 5-21 所示。

（一）工作原理及特点

如图 5-22 所示，丝杠和螺母上都加工有圆弧形的螺旋槽，当它们对合起来就形成了螺旋滚道，在滚道内装有滚珠。当丝杠回转时，滚珠沿螺旋滚道向前滚动，滚动数圈后通过回程引导装置，逐个又滚回到丝杠和螺母之间，构成一个闭合的循环回路。

在传动时，滚珠与丝杠、螺母之间是滚动摩擦，所以具有很多优点：

1）摩擦损失小，功率损耗低，传动效率高。滚珠丝杠副的传动效率很高，可达 92% ~98%，是普通滑动丝杠传动的 2 ~4 倍。

2）通过适当预紧，可消除丝杠与螺母间的间隙，反向时就可以消除死区误差，提高反向精度，同时提高了丝杠的轴向刚度。

3）运动平稳，不易产生爬行，传动精度高。

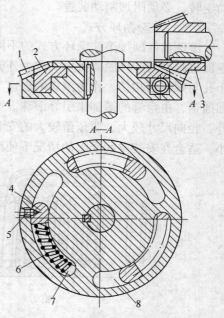

图 5-20　周向弹簧调整法
1—外圈　2—内圈　3—小锥齿轮　4—凸爪
5—螺钉　6—弹簧　7—镶块　8—圆弧槽

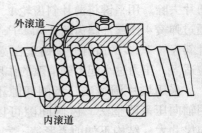

外滚道

内滚道

图 5-21 滚珠丝杠副   图 5-22 滚珠丝杠副工作原理

4）运动具有可逆性，即旋转运动与直线运动可相互转换。

5）磨损小，寿命长，所需的传动转矩小。

因为滚珠丝杠副具有以上的优点，所以在各类中、小型数控机床的直线进给系统中得到广泛的应用，但是它也有以下一些缺点：

1）制造工艺复杂，成本高。滚珠丝杠对自身的加工精度和装配精度要求严格，其制造成本大大高于普通滑动丝杠。

2）不能自锁。由于其摩擦系数小，因而摩擦角也小，不符合自锁条件，所以当丝杠垂直安装时，为防止因电动机停转而造成的主轴箱惯性下滑，引发螺母直线运动向丝杠回转运动逆转，必须附加制动装置。

（二）滚珠循环方式

滚珠丝杠副按滚珠循环方式的不同分为外循环和内循环两种。如图 5-23 所示，滚珠在返回过程中与丝杠脱离接触的称为外循环。它是在螺母上轴向相隔 2.5 或 3.5 圈螺纹处钻两个孔与螺旋槽相切，作为滚珠的进口与出口，再用弧形铜管插入进口和出口内，形成滚珠返回通道，由弯管的端部来引导滚珠。弯管称为插管或回珠管。图 5-23a 中的插管凸出在螺母外，径向尺寸较大，要预留较大的安装空间，而图 5-23b 中的插管埋在螺母中，径向尺寸较小，适合在安装空间受限的情况下使用。

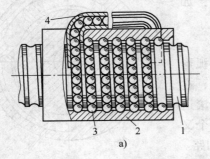

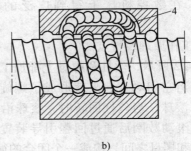

a)   b)

图 5-23 外循环式滚珠丝杠副

a) 插管凸出   b) 插管埋入

1—丝杠 2—螺母 3—滚珠 4—插管

如图 5-24 所示，滚珠在循环过程中与丝杠始终接触的称为内循环。内循环滚珠丝杠带有反向器 4，返回的滚珠从螺纹滚道进入反向器，越过丝杠牙顶进入相邻滚道，实现循环。

内循环螺母结构紧凑，定位可靠，刚性好，返回滚道短，不易产生滚珠堵塞，摩擦损失小。缺点是结构复杂、制造较困难。

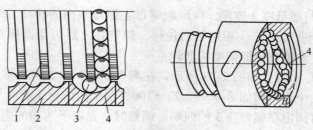

图 5-24 内循环式滚珠丝杠副

1—丝杠 2—螺母 3—滚珠 4—反向器

（三）轴向间隙的调整方法

滚珠丝杠副的传动间隙是轴向间隙，是指丝杠与螺母无相对转动时，二者之间的最大轴向圆跳动量。除了结构本身的游隙之外，还包括施加轴向载荷后产生的弹性变形所造成的轴向圆跳动量。

由于存在轴向间隙，当丝杠反转时，将产生空回误差，从而影响反向传动精度和轴向刚度。通常采用预加载荷（即对螺母施加预紧力）的方法来减小轴向间隙，保证反向传动精度和轴向刚度。施加预紧力的大小应适当，预紧力过小起不到作用，而预紧力过大则会使摩擦阻力增大，降低传动效率，缩短丝杠的使用寿命。

1. 双螺母消隙

其消隙原理是利用两个螺母的相对轴向位移，使两个螺母中的滚珠分别贴紧在螺旋滚道的两个相反侧面上。常用的结构形式有：

（1）垫片预紧式（D） 如图 5-25 所示，它是通过调整垫片的厚度使左、右螺母产生相对轴向位移，从而达到消除间隙的作用。左、右螺母的相对轴向位移可以是相背的，也可以是相向的。

垫片预紧式结构简单、刚性好、装卸方便，缺点是调整精度不高，且滚道有磨损时，不能随时消除间隙和进行预紧。

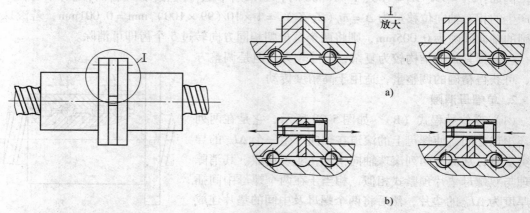

图 5-25 双螺母垫片预紧式

a）预紧前 b）预紧后

（2）螺纹预紧式（L） 如图 5-26 所示，左侧螺母 1 上有凸缘，右侧螺母 2 上有螺纹，螺母 1、2 通过平键与螺母座 3 连接，以限制螺母在螺母座内的转动。调整时，拧紧圆螺母 4 就可使左、右侧螺母 1、2 产生相对轴向位移，调整好之后再用圆螺母 5 将其锁紧。这种方法结构简单紧凑，调整方便但调整精度较差。

（3）齿差预紧式（C）　如图 5-27 所示，在两个螺母 1 和 2 的凸缘上各加工有外齿，两个齿轮的齿数相差一个齿，例如 $Z_1 = 99$，$Z_2 = 100$，两个内齿轮 3 和 4 分别与螺母 1 和 2 啮合，并用螺钉和销钉固定在螺母座 5 的两端。调整时，先取下两端的内齿轮 3 和 4，然后根据间隙的大小将两个螺母 1 和 2 分别向相同方向转动相同的齿数（一个或多个），因两个螺母的齿数不同，即 $Z_1 \neq Z_2$，转动相同齿数时其产生的角位移也不同，所以螺母在丝杠上前进的位移量也不同，从而产生了相对轴向位移，达到了调整间隙的目的。间隙调整量 Δ 可用下式简便地计算出来：

$$\Delta = \frac{nt}{Z_1 Z_2} \text{ 或 } n = \Delta \frac{Z_1 Z_2}{t}$$

式中　n——螺母向相同方向转过的齿数；

t——滚珠丝杠的导程；

Z_1、Z_2——齿轮的齿数。

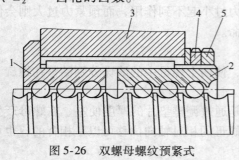

图 5-26　双螺母螺纹预紧式

1、2—螺母　3—螺母座　4、5—圆螺母

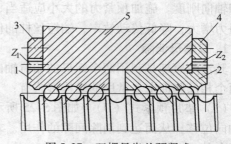

图 5-27　双螺母齿差预紧式

1、2—螺母　3、4—内齿轮　5—螺母座

例如：$Z_1 = 99$、$Z_2 = 100$、$t = 10\text{mm}$ 时，如果两个螺母向相同方向各转过一个齿，则二者产生的相对轴向位移量为 $\Delta = nt/(Z_1 Z_2) = 1 \times 10/(99 \times 100)$ mm = 0.001mm，若滚珠丝杠副的轴向间隙为 0.005mm，则将两个螺母朝相同方向转过 5 个齿即可消除。

齿差预紧式的结构较为复杂，尺寸较大，但是调整方便，可获得精确的调整量，适用于高精度传动。

2. 单螺母消隙

（1）变位导程式（B）　如图 5-28 所示，它是在两列循环滚珠之间，使螺母上的滚道在轴向产生一个 ΔL_0 的导程突变量，从而使两列滚珠轴向错位，实现消隙。其消隙原理与双螺母垫片预紧式相似，相当于在两个螺母中间插入厚度为 ΔL_0 的垫片，然后将两个螺母及中间的垫片连成一体。这种方法结构简单，但导程突变量须预先设定且不能改变。

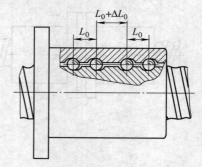

图 5-28　单螺母变位导程式

（2）钢球增大式（Z）　该方法不需要任何附加机构。调整时，只需拆下滚珠螺母，精确测量原装钢球直径，然后根据需要，重新更换大若干微米的钢球。一般用于滚道截面为双

圆弧形状的滚珠丝杠。

（四）滚珠丝杠的支承

滚珠丝杠主要承受轴向载荷，它的径向载荷主要是卧式丝杠的自重。滚珠丝杠的支承方式见表5-2。

表5-2　滚珠丝杠的支承方式

支承方式	一端固定（F）一端自由（O） F-O	一端固定（F）一端浮动（S） F-S	两端固定 F-F
简图			
特点	结构简单，但承载能力小，轴向刚度低，临界转速低，设计时应尽量使丝杠受拉伸	轴向刚度与F-O相同，临界转速比同长度的F-O高，丝杠有热膨胀的余地，但需保证螺母与两支承同轴	轴向刚度为一端固定的4倍，可施加预紧力提高传动刚度，但结构和工艺都较复杂
适用范围	适用于短丝杠和垂直丝杠	适用于较长丝杠或卧式丝杠	适用于长丝杠以及对刚度和位移精度要求较高的场合

为了提高丝杠的支承刚度，选择适当的滚动轴承也是十分重要的。如图5-29所示的轴承，它是一种滚珠丝杠专用的角接触球轴承，与一般的角接触球轴承相比，接触角增大到60°，能承受很大的轴向力。产品成组（两只一组／三只一组／四只一组）出售，在出厂时已选配好内、外圈的厚度，装配时只需用螺母和端盖分别将内圈和外圈压紧，就可获得出厂时已经调整好的预紧力，使用极为方便。

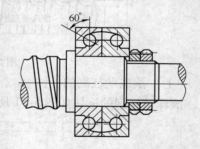

图5-29　滚珠丝杠用60°角接触球轴承

（五）滚珠丝杠的预拉伸

滚珠丝杠在工作时会发热，丝杠的热膨胀将使导程加大，影响定位精度。为了补偿热膨胀，可将丝杠预拉伸。预拉伸量应略大于热膨胀量。预拉伸的方法是：

制造时：目标行程 = 公称行程 − 预拉伸量。

安装时：拉伸使其恢复公称行程值，同时提高传动刚度。

其中：目标行程——螺纹部分在常温下的长度；

公称行程——螺纹部分的理论长度，该值 = 公称导程 × 丝杠上的螺纹圈数。

这样，滚珠丝杠在工作发热后，热膨胀量抵消了部分预拉伸量，使丝杠内的拉应力下降，但长度没有变化，精度可得到保证。

（六）滚珠丝杠副的参数

1. 公称直径 d_0

如图5-30所示，公称直径 d_0 是指滚珠与螺母及丝杠位于理论接触点时包络滚珠球心的圆柱直径。它是滚珠丝杠副的特征尺寸。公称直径 d_0 越大，丝杠的承载能力和刚度就越大。推荐滚珠丝杠副的公称直径 d_0 应大于丝杠工作长度的1/30。数控机床常用的进给丝杠，公称直径 d_0 为 $\phi30 \sim \phi80$mm。

2. 基本导程 L_0

基本导程 L_0 是指丝杠相对于螺母旋转一圈，螺母上的基准点的轴向位移。

3. 滚珠的工作圈数

滚珠所走过的滚道圈数称为工作圈数。试验结果表明，在一个循环回路中，如果多于一圈，则各圈滚珠所受的轴向负载是不均匀的，第一圈滚珠承受总负载的 50% 左右，第二圈约承受 30%，第三圈约承受 20%。因此，滚珠丝杠副中的每个循环回路的滚珠工作圈数取为 $i = 2.5 \sim 3.5$ 圈，大于 3.5 圈无实际意义。

4. 其他参数

除上述参数外，还有丝杠螺纹大径 d、丝杠螺纹小径 d_1、螺纹全长 L、滚珠直径 d_b、螺母螺纹大径 D、螺母螺纹小径 D_1、滚道圆弧偏心距 e、滚道圆弧半径 R、接触角 β 等。

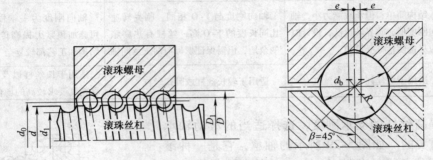

图 5-30　滚珠丝杠副的基本参数

（七）滚珠丝杠副的标注

滚珠丝杠副的标注如图 5-31 所示。

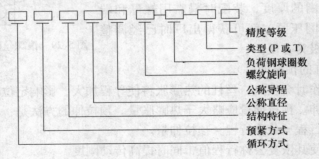

图 5-31　滚珠丝杠副的标注

1）循环方式，见表 5-3。
2）预紧方式，见表 5-4。
3）结构特征，见表 5-5，内循环滚珠丝杠副不标。

表 5-3　滚珠丝杠副循环方式

循环方式		标注代号
内循环	浮动式	F
	固定式	G
外循环	插管式	C

表5-4 滚珠丝杠副预紧方式

预紧方式	标注代号	预紧方式	标注代号
双螺母垫片预紧	D	单螺母变位导程预紧	B
双螺母螺纹预紧	L	单螺母钢球增大式	Z
双螺母齿差预紧	C	单螺母无预紧	W

表5-5 滚珠丝杠副结构特征

结构特征	代号
插管埋入式	M
插管凸出式	T

4）螺纹旋向，左旋标记为 LH，右旋不标。

5）类型（P 或 T）。P 类为定位型滚珠丝杠副，用于精确定位，能根据旋转角度和导程间接测量轴向行程；T 类为传动型滚珠丝杠副，用于传递动力。数控机床上用的均为 P 类定位型滚珠丝杠副。

6）精度等级。滚珠丝杠副的精度等级分为 1、2、3、4、5、7、10 共七级，1 级精度最高，依次逐级递减。部分精度等级的滚珠丝杠副的适用范围见表5-6。

表5-6 滚珠丝杠副部分精度等级及适用范围

精度等级	适用范围
1、2	数控镗床、坐标镗床、数控磨床、数控线切割机床
3、4	数控车床、数控铣床、数控钻床、机床改造
5	普通机床

例如，CDM6012—3.5—P4，表示外循环插管式，双螺母垫片预紧，插管埋入式，公称直径为 60mm，基本导程为 12mm，螺纹旋向为右旋，负荷钢球圈数为 3.5 圈，精度等级为 4 级的定位型滚珠丝杠副。

（八）滚珠丝杠副的防护

滚珠丝杠副是精密的进给传动装置，如果在滚道上落入了污物及异物，或使用了不洁净的润滑油，不仅会妨碍滚珠的正常运转，而且会使滚珠丝杠副的磨损急剧增加。因此，有效地防护和保持润滑油的清洁就显得十分必要。

如图 5-32 所示，螺母的两端安装有密封圈。密封圈有接触式和非接触式两种。接触式密封圈系用耐油橡胶或尼龙等材料制成，其内孔制成与丝杠螺纹滚道相配合的形状，它的防尘效果好，

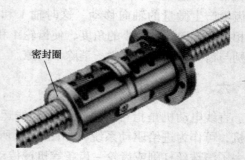

密封圈

图 5-32 螺母端部的密封圈

但因有接触压力，使摩擦力矩略有增加。非接触式密封圈又称迷宫式密封圈，系用聚氯乙烯等塑料制成，其内孔形状与丝杠螺纹滚道相反，并略有间隙。

对于暴露在外面的丝杠，一般采用螺旋钢带、伸缩套筒、锥形套筒或折叠式防护罩等封

闭式的防护装置，以防止尘土或硬性杂质黏附到丝杠表面。这几种防护罩一端连接在滚珠螺母的端面，另一端固定在滚珠丝杠的支承座上，图 5-33 所示为常见的一种丝杠防护罩。

五、齿轮－齿条传动

对于工作台行程很长的大型数控机床，如大型数控龙门镗铣床，其进给运动不宜采用滚珠丝杠副传动，因为长丝杠制造困难，而且容易弯曲下垂，影响传动精度，同时难以保证其轴刚度和扭转刚度，因此，大型数控机床上常采用齿轮－齿条传动来实现直线进给，如图 5-34 所示。

图 5-33　丝杠防护罩

齿轮－齿条传动同齿轮传动一样，存在着齿侧间隙，反向时会引起反向定位误差，因此也要消除间隙。其消除间隙的方法是采用双齿轮，机构外观如图 5-35 所示。

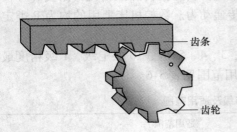

图 5-34　齿条－齿条传动

图 5-35　双齿轮消隙结构外观图

双齿轮消隙原理如图 5-36 所示，进给运动由轴 2 输入，通过两对斜齿轮分别传给轴 1 和轴 3，然后由齿轮 4 和齿轮 5 传动齿条，带动工作台移动。

轴 2 上的两个斜齿轮旋向相反。如果通过弹簧在轴 2 上施加一个轴向力 F，则使轴 2 上的两个斜齿轮产生微量的轴向移动，这时轴 1 和轴 3 便以相反的方向转过微小的角度，使齿轮 4 和齿轮 5 分别与齿条的两齿面贴紧，消除了间隙。

六、直线电动机

直线电动机是指可以直接产生直线运动的电动机，可作为进给驱动系统，如图 5-37 所示。它

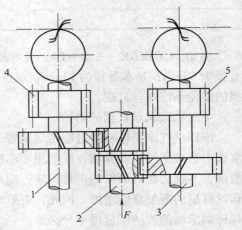

图 5-36　双齿轮消隙原理图
1、2、3—轴　4、5—齿轮

省去了滚珠丝杠副或齿轮－齿条等机械传动机构，结构简单。它具有高速度和高加速度的性能，满足了近年来超高速加工技术的发展要求，在数控机床中展示出其强大的生命力。

直线电动机可以看成是由旋转电动机演化而来的。旋转电动机的定子和转子，在直线电动机中称为初级和次级，如图 5-38 所示。为了在运动过程中始终保持初级和次级耦合，初级或次级中的一侧必须做得较长。

直线电动机按结构分类可分为平板型、管型、弧型和盘型。平板型结构是最基本的结构，应用也最广泛。直线电动机按初级和次级的相对长度来分，可分为短初级和短次级；按初级运动还是次级运动来分，可分为动初级和动次级。

直线电动机的优点是：结构简单，反应速度快，灵敏度高，随动性好；容易密封，不怕污染，适应性强（由于直线电动机本身结构简单，又可做到无接触运行，因此容易密封，各部件用尼龙浸渍后，采用环氧树脂加以涂封，这样它就不怕风吹雨打，或有毒气体和化学药品的侵蚀，在核辐射和液体物质中也能应用）；工作稳定可靠、寿命长（直线电动机是一种直接传动的特种电动机，可实现无接触传动，没有什么机械损耗，故障少，几乎不需要维修，又不怕振动和冲击）；额定值高（直线电动机冷却条件好，特别是长次级接近常温状态，因此线负荷和电流密度可以取得很高）；有精密定位和自锁的能力（和控制系统相配合，可做到 0.001mm 的位移精度和自锁能力）。

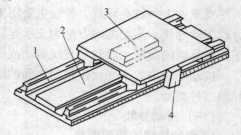

图 5-37　直线电动机进给系统外观图

1—导轨　2—次级　3—初级　4—检测系统

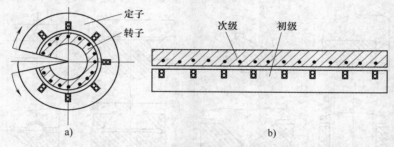

图 5-38　旋转电动机展平为直线电动机

a）旋转电动机　b）直线电动机

第三节　支承件及导轨

一、机床支承件

机床支承件主要指床身、立柱、横梁等大件，它的作用是支承各种零部件并保证它们的相互位置及承受各种作用力。

支承件国内大多采用铸铁件。铸铁件的优点是：①耐磨性与消振性好。由于铸铁中的石墨有利于润滑及储油，所以耐磨性好。同样，由于石墨的存在，铸铁的消振性优于钢。②工艺性能好。由于铸铁含碳量高，故熔点比较低，流动性良好，因此适宜铸造结构复杂的零件。③切削加工时易于形成断屑，可加工性好。缺点是容易产生缩孔、砂眼等缺陷，大型的铸铁件还需经过时效处理以消除内应力。

也有采用钢板和型钢焊接而成的支承件，其具有减轻质量、提高刚度的显著优点。钢的弹性模量约为铸铁的两倍，在形状和轮廓尺寸相同的前提下，如要求焊接件与铸件的刚度相同，则焊接件的壁厚只需铸件的一半。因此，使用焊接件具有极大的优势。

二、机床导轨

支承件上一般有导轨，导轨主要用来支承和引导运动部件沿一定的轨道运动。运动的一方称为动导轨，不动的一方称为支承导轨，动导轨和支承导轨共同组成导轨副。动导轨相对于支承导轨的运动，通常是直线运动或回转运动。

按动导轨与支承导轨接触面之间的摩擦性质，可将导轨分为滑动导轨、滚动导轨和静压导轨三种类型。

（一）滑动导轨

1. 滑动导轨的截面形状

滑动导轨常用的截面形状如图 5-39 所示，有矩形、三角形、燕尾形、圆形共四种。根据支承导轨的凸凹状态，每种又有凸形（上图）和凹形（下图）之分。凸形导轨需要有良好的润滑条件。凹形导轨容易储油，但也容易积存切屑和尘粒，因此适用于具有良好防护的情况。矩形导轨又称平导轨；而三角形导轨，在凸形时可称为山形导轨，在凹形时称为 V 形导轨。运动导轨可带压板，称为闭式导轨，反之，如果没有压板，则为开式导轨。

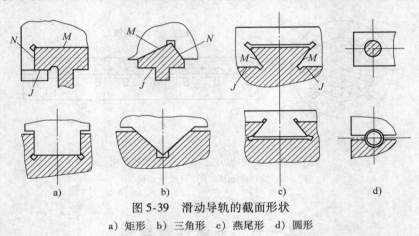

图 5-39　滑动导轨的截面形状

a）矩形　b）三角形　c）燕尾形　d）圆形

（1）矩形导轨　如图 5-39a 所示，M 面是支承面，主要起支承作用，兼起垂直方向的导向作用；N 面是主要导向面，确保运动部件水平方向的直线运动精度。J 面是压板面，防止运动部件抬起。矩形导轨承载面大，能承受较大的载荷，而且工艺性好，容易加工制造。但 M、N 面磨损后所产生的垂直及水平方向间隙不能自动补偿，需要有间隙调整装置。它适用于载荷大且导向精度要求不太高的机床。

（2）三角形导轨　如图 5-39b 所示，M、N 面既是支承面，又是导向面，同时控制了垂直方向和水平方向的导向精度。J 面是压板面，防止运动部件抬起。这种导轨仅需补偿垂直方向的间隙，导向精度高。

（3）燕尾形导轨　如图 5-39c 所示，J 面起支承兼垂直方向的导向作用，M 面起水平方向的导向和压板作用。这种导轨垂直方向的间隙不需调整，但 M 面磨损后所产生的水平方向间隙不能自动补偿，一般用镶条调整。这种导轨高度尺寸小，能承受颠覆力矩，多用于高度小的多层移动部件，如卧式车床的横拖板。

（4）圆形导轨 如图 5-39d 所示，圆形导轨刚度高，易制造，外径可磨削，内孔可珩磨达到精密配合，但磨损后间隙调整困难。它适用于受轴向载荷的场合，如压力机、珩磨机、攻螺纹机等。

2. 滑动导轨的组合

机床上一般采用两条导轨来承受载荷及导向。重型（或跨距大的）机床常采用 3～4 条导轨。数控机床常见的导轨组合形式有：

（1）三角形－矩形 如图 5-40 所示，三角形导轨导向精度高，用作主要导向面；矩形导轨承载力大，易加工。图 5-40a 所示导轨为开式，没有压板，不能承受较大的翻转力矩；图 5-40b 所示导轨为闭式，有压板，可以承受翻转力矩。

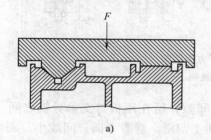 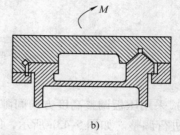

图 5-40 三角形-矩形导轨组合
a）开式导轨 b）闭式导轨

（2）矩形－矩形 如图 5-41 所示，矩形导轨承载力大，易加工制造，但侧导向面需加镶条调整间隙。如图 5-41a 所示，运动部件由一条导轨的两侧面导向，为窄导向。如图 5-41b 所示，由两条导轨的内侧面导向，为宽导向。宽导向两导向面间的距离较大，热膨胀时变形量大，须留较大的侧向间隙，因而导向性不如窄导向式好。

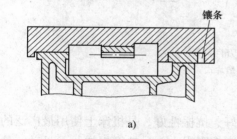 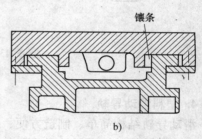

图 5-41 矩形-矩形导轨组合
a）开式窄导向 b）闭式宽导向

3. 滑动导轨间隙的调整

导轨面间的间隙应适当。间隙太大，则运动不准确、不平稳，失去导向精度。间隙小，则摩擦阻力大，使导轨磨损加剧。因此，导轨面间的间隙应当能够调整，以保证导轨有合理的间隙。

（1）采用镶条调整水平方向间隙 矩形导轨及燕尾形导轨水平方向的间隙不能自动补偿，一般采用镶条进行调整。镶条分平镶条和斜镶条两种。平镶条全长厚度相等，横截面为平行四边形或矩形，以其横向位移来调整间隙，如图 5-42a 所示。斜镶条全长厚度变化，以其纵向位移来调整间隙，如图 5-42b 所示。

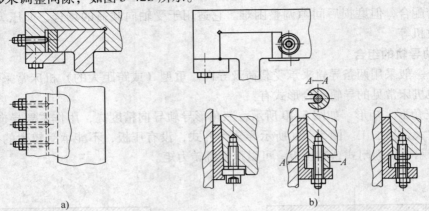

图 5-42　镶条调整水平方向间隙
a）平镶条　b）斜镶条

（2）采用压板调整高度方向间隙　高度方向的间隙存留在压板与支承导轨之间，可通过压板进行调整。如图 5-43a 所示，间隙大，可由钳工刮研，修磨 Y 面；间隙小，则修磨 X 面。图 5-43b 和图 5-43c 则是通过调整垫片的厚度来调整压板与支承导轨之间的间隙。

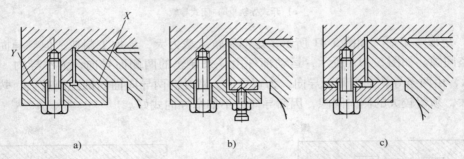

图 5-43　用压板调整高度方向间隙
a）修磨刮研式　b）、c）垫片式

4. 塑料滑动导轨

　　滑动导轨结构简单、制造方便、承载力大、刚度好、抗振性好，是机床上使用最广泛的导轨形式。传统的滑动导轨是金属与金属相互摩擦，摩擦阻力大，导轨磨损快，而且动、静摩擦系数差别大，低速时易产生爬行现象。为改善导轨的使用性能，目前，数控机床常采用在动导轨上贴塑或注塑的方法。经贴塑或注塑后的滑动导轨，又称塑料滑动导轨。

　　（1）贴塑　贴塑就是在动导轨的摩擦表面贴上一层塑料软带，使导轨面间成为金属对塑料的摩擦形式。塑料软带是以聚四氟乙烯（PTFY）为基体，加入青铜粉、二硫化钼和石墨等填充剂混合烧结，并做成软带状（厚度 0.1～2.5mm）。PTFY 是现有材料中摩擦系数最小（0.04）的一种，但它不耐磨，添加青铜粉、二硫化钼和石墨等填充剂是为了增加其耐磨性。

　　如图 5-44 所示，将导轨粘贴面半精加工至表面粗糙度 $Ra3.2～1.6\mu m$。粘贴时，用清洗剂（如丙酮、三氯乙烯或全氯乙烯）彻底清洗被粘贴表面，切不可用酒精或汽油，因为它们会在被清洗表面上留下一层薄膜，不利于粘贴。清洗后用干净的软布反复擦拭，直到无污迹为止。另外，塑料软带的粘贴面（黑褐色表面）也应用清洗剂擦拭干净，然后用粘结剂分别涂在软带和导轨粘贴面上，将塑料软带沿导轨面从一端向另一端缓慢挤压，以便赶走气泡。塑料软带的宽度应小于沟槽的宽度，每边空出 1～2mm。粘贴后，在导轨面上施加一定的压力加以固化，为保证粘结剂充分扩散和硬化，室温下，加压固化的时间应在 24h 以上。粘贴好的导轨面还要进行精加工，如开油槽、刮研、磨削等。注意在局部修整时要用刮刀，切不可用砂布砂纸，以防砂粒脱落嵌进塑料导轨中，破坏导轨。

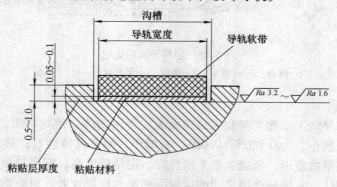

图 5-44　贴塑导轨

贴塑导轨具有以下优点：

1）摩擦系数小，耐磨性好。其摩擦系数在 0.02～0.04 之间，是贴塑前的 1/10 左右。而且，塑料质地较软，即使嵌入硬粒、灰尘等，也可挤入塑料内部，避免了磨损和撕伤导轨。

2）动、静摩擦系数接近，低速不易产生爬行，可获得较高的定位精度。

3）减振性好。塑料具有良好的阻尼性能，保证了运动的平稳性。

4）工艺简单、成本低。

此外，贴塑导轨还有加工性能好、化学稳定性好、维护修理方便等优点。

（2）注塑　注塑又称涂塑，是采用涂敷或压注的方法使膏状塑料附着在金属导轨表面上，如图 5-45 所示。注（涂）塑所用的材料是以环氧树脂为基体，加入增塑剂，混合成膏状为一组分，固化剂为另一组分的双组分涂层。

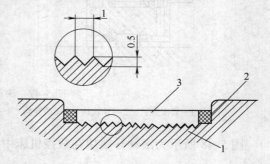

图 5-45　注塑导轨
1—动导轨　2—胶条　3—注塑层

使用时，先将导轨涂敷面进行粗铣或粗刨，以保证表面具有良好的附着力。与塑料导轨面相配的金属导轨表面用溶剂清洗后涂上一层薄硅油，以防止与塑料涂层粘连。调整好支承导轨和运动导轨之间的相互位置，将调好的双组分涂料注入（或涂敷）其间，然后加压固化，24h 后即可将两导轨分离。从图中可以看出，注塑导轨面宽度与贴塑导轨一样，应小于沟槽的宽度，空隙处用密封胶条 2 密封。

注塑导轨同样具有良好的耐磨性，其抗压强度甚至比聚四氟乙烯导轨软带更高，特别适用于大型、重型数控机床及不能用塑料软带的复杂配合型面。

图 5-46 所示为塑料导轨在数控机床上的应用示例。

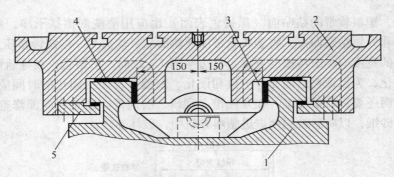

图 5-46   塑料导轨的应用

1—床身   2—工作台   3—镶条   4—塑料软带   5—下压板

（二）滚动导轨

滚动导轨是在导轨工作面之间放入滚珠或滚柱等滚动体，使导轨面之间成为滚动摩擦。其优点是：摩擦系数小，为 0.0025～0.005，磨损小，精度保持性好；移动轻便灵活，灵敏度高；动、静摩擦系数接近，低速运动平稳性好，定位精度高；润滑简单，维修方便。缺点是：与滑动导轨相比，它的导轨面之间的接触面积小，抗振性差；对脏物较敏感，必须有良好的防护装置；成本较高。

数控机床常用的滚动导轨形式有滚动导轨块和直线滚动导轨副两种。

1. 滚动导轨块

图 5-47 所示为滚动导轨块的内部结构图。导轨块安装在移动部件（动导轨 3）上，当部件运动时，滚动体 4 在导轨块 2 的内部作循环滚动。

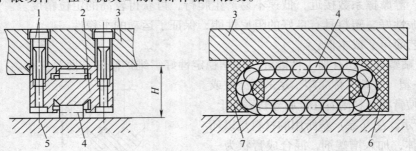

图 5-47   滚动导轨块的结构

1—紧固螺钉   2—导轨块   3—动导轨   4—滚动体   5—支承导轨   6、7—带返回槽挡板

图 5-48 所示为滚动导轨块在数控机床中的应用。

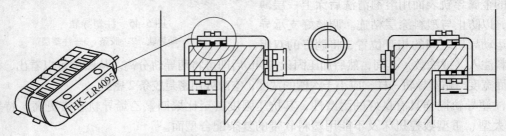

图 5-48   滚动导轨块在数控机床中的应用

2. 直线滚动导轨副

　　直线滚动导轨副的外形如图 5-49 所示。长导轨一般安装在数控机床的床身、立柱、横梁等支承件上，滑块则安装在工作台、主轴箱、滑座等移动部件上。滚动体有滚珠和滚柱两种。

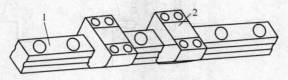

图 5-49　直线滚动导轨副
1—导轨　2—滑块

　　（1）滚珠导轨副　如图 5-50 所示，这种导轨副的滚动体为滚珠，故称滚珠导轨副。由于滚珠与导轨面间是点接触，因而刚度低、承载力小。适用于载荷较小、切削力矩和颠覆力矩都较小的数控机床。

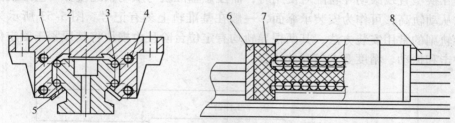

图 5-50　滚珠导轨副
1—滑块　2—导轨　3—滚珠　4—回珠孔　5—密封底片　6—密封端盖　7—反向器　8—润滑嘴

　　（2）滚柱导轨副　如图 5-51 所示，这种导轨副的滚动体为滚柱，故称滚柱导轨副。由于滚柱与导轨面之间是线接触，因而这种导轨的承载能力、刚度都比滚珠导轨副大，适用于载荷较大的机床。

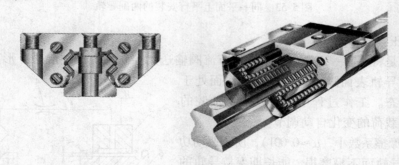

图 5-51　滚柱导轨副

　　安装直线滚动导轨副时，应先将导轨和滑块的侧基面靠上定位台阶，然后从另一面顶紧，最后用螺钉将导轨及滑块分别固定。图 5-52 所示为导轨及滑块常用的三种固定方式。

　　直线滚动导轨一般两条或两条以上配合使用，可以水平安装，也可以竖直安装，当长度不够时还可以多根拼接安装。由于直线滚动导轨对误差有均化作用，安装基面的误差不会完全反映到滑块的运动上来，通常滑块的运动误差约为基面误差的 1/3，所以对滚动导轨副安

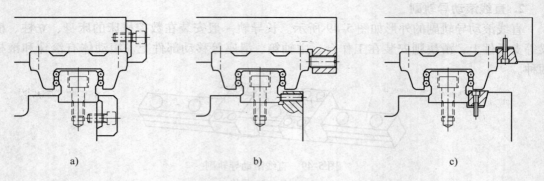

图 5-52　导轨及滑块的固定
a）用压板顶紧　b）用紧定螺钉顶紧　c）用楔块顶紧

装基面的精度要求不太高，通常只需精铣或精刨。

当非互换型直线滚动导轨配对使用时，需注意基准轨与从动轨之差异。基准轨侧边基准面精度比从动轨高，可作为安装承靠面，一般在基准轨上刻有记号。图 5-53 所示为数控机床滚动导轨副的常用安装方法，其两根导轨均有定位台阶且由楔块将其顶紧于侧定位面，适用于有冲击和振动、精度要求较高的场合。

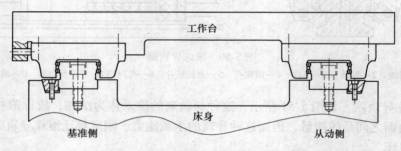

图 5-53　同一平面上平行安装的两副导轨

（三）静压导轨

静压导轨是将具有一定压力的油液经节流阀输送到导轨面上的油腔中，形成承载油膜，将相互接触的导轨表面隔开，使导轨工作面处于纯液体摩擦状态。工作过程中，导轨面上油腔的油压可随外加载荷的变化自动调节。

这种导轨摩擦系数小（$\mu \approx 0.001$），所需驱动功率大大降低，导轨面不易磨损，能长期保持导轨的导向精度。又由于承载油膜有良好的吸振作用，因而抗振性好，运动平稳。缺点是结构复杂，需要有一套专门的供油系统，制造、调整都比较困难，成本高。主要用于大型、重型数控机床。

静压导轨按导轨形式可分为开式和闭式两种。图 5-54 所示为开式静压导轨工作原理。来自

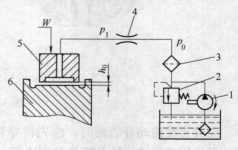

图 5-54　开式静压导轨工作原理
1—液压泵　2—溢流阀　3—过滤器　4—节流阀
5—动导轨　6—支承导轨

液压泵的压力油，其压力为 p_0，经节流阀 4 后压力降至 p_1，进入导轨的各个油腔内将动导轨浮起，使导轨面间形成一层厚度为 h_0 的承载油膜，油液通过此间隙流回油箱，压力降为零。当动导轨受到负载 W 时，动导轨向下产生一个位移，导轨间隙由 h_0 降为 h（$h < h_0$），使回油压力增大，油腔中压力也相应增大变为 $p_0(p_0 > p_1)$，以平衡负载，使导轨仍在纯液体摩擦下工作。

　　图 5-55 所示为闭式静压导轨工作原理。闭式静压导轨各方向导轨面上都开有油腔，所以它具有承受各方面载荷和颠覆力矩的能力。设油腔各处的压力分别为 p_1、p_2、p_3，p_4、p_5、p_6，当受颠覆力矩 M 时，p_1、p_6 处的间隙变小，而 p_3、p_4 处的间隙变大，因此 p_1、p_6 压力增大，而 p_3、p_4 压力变小，形成一个与颠覆力矩呈反向的力矩，从而使导轨保持平衡。

　　（四）导轨的润滑

　　充分的润滑可以降低摩擦系数，减少导轨面的磨损并可防止导轨面锈蚀。

1. 滑动导轨的润滑

　　滑动导轨一般采用油润滑。滑动导轨上动、静导轨的接触面大，为了使接触面得到充分的润滑，应在动导轨上开油槽（塑料导轨开在贴塑面或注塑面上），油槽形式并无统一规定，润滑油从注油口进来，只要通过油槽能布满整个导轨面即可。图 5-56 所示为滑动导轨常用的几种油槽形式。

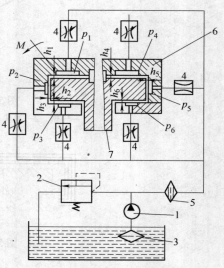

图 5-55　闭式静压导轨工作原理

1—液压泵　2—溢流阀　3—过滤器　4—节流阀
5—精过滤器　6—动导轨　7—支承导轨

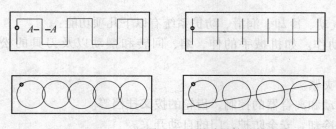

图 5-56　滑动导轨油槽形式

2. 滚动导轨的润滑

　　滚动导轨采用脂润滑或油润滑均可。采用脂润滑时，在图 5-57 所示的滑块 2 中预先填充润滑脂，运行一定的距离后润滑脂可通过润滑嘴 5 进行补充。

　　如采用油润滑，则应在导轨安装时取下润滑嘴 5，装上专用的管接头，通过油管接到自动油泵上，工作时由油泵对导轨进行定时强制润滑。

　　（五）导轨防护

　　导轨面上应安装导轨防护装置，以防止切屑或切削液落在导轨面上，导致导轨面被拉伤或锈蚀，如图 5-58 所示。

　　常用的导轨防护罩有伸缩式、风琴式、卷帘式等多种。

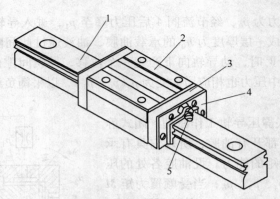

图 5-57 滚动导轨的润滑

1—导轨 2—滑块 3—反向器 4—密封端盖 5—润滑嘴

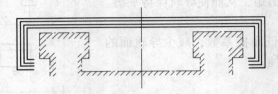

图 5-58 导轨防护示意图

第四节 其他辅助装置

一、数控机床的液压、气动、冷却、润滑、防护系统

数控机床中的液压、气动、冷却、润滑、防护系统有以下几项功能：

1）自动换刀所需的动作。如机械手的伸、缩、回转和摆动以及刀具的松开和拉紧动作。

2）主轴的自动松开、夹紧。

3）机床运动部件的制动和离合器的控制，齿轮的拨叉挂档等。

4）机床的润滑、工件冷却，安全防护、门的自动开关。

5）工作台的松开、夹紧，交换工作台的自动交换动作等。

6）机床运动部件的平衡。如机床主轴箱的重力平衡、刀库机械手的平衡等。

二、排屑装置

排屑装置的主要作用是将切屑从加工区域排到数控机床之外。如果切屑堆占加工区域而不及时排除，必将覆盖或缠绕工件和刀具，使自动加工无法进行。此外，灼热的切屑向机床或工件散发的热量，会使机床或工件产生变形，影响加工精度。因此，迅速而有效地排除切屑，对数控机床的加工而言非常重要。另外，切屑中往往混合着切削液，排屑装置必须将切屑从其中分离出来，送入切屑收集箱中，而将切削液回收到切削液箱中。

典型的排屑装置有以下三种。

1. 平板链式

如图 5-59 所示，由链轮牵引链板在封闭箱中运转，链板为平板式，加工中的切屑落到链板上而被带到机床外。这种装置能排出各种形状的切屑，适应性强，各类机床都能采用。使用时可将其搁置在机床的切削液箱上，以使机床结构紧凑，切屑排出的同时，切削液回流至切削液箱内。

2. 刮板式

如图 5-60 所示，其传动原理与平板链式基本相同，只是链板不同，它的链板上带有刮板。这种装置常用于输送短小切屑，排屑能力较强。但因负载大而需采用较大功率的驱动电动机。

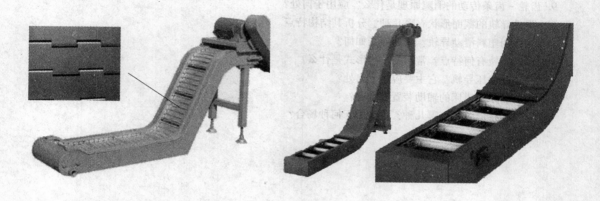

图 5-59　平板链式排屑装置　　　　　图 5-60　刮板式排屑装置

3. 螺旋式

如图 5-61 所示，电动机经减速装置驱动安装在沟槽中的一根长螺旋杆进行工作。螺旋杆转动时，沟槽中的切屑即由螺旋杆推动向前运动，最终排入集屑箱内。

螺旋式排屑装置结构简单，排屑性能良好，但只适合沿水平或小角度倾斜的直线方向排运切屑，不能大角度倾斜、提升或转向排屑。

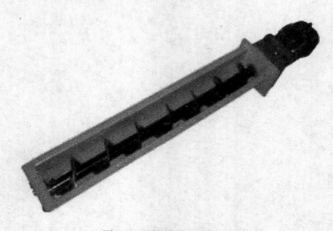

图 5-61　螺旋式排屑装置

复习思考题

1. 数控机床对主传动系统有哪些要求？
2. 主传动变速有几种方式？各有何特点？各应用于何处？
3. 主轴轴承的配置形式有几种？各有何特点？
4. 数控机床对进给传动系统有哪些要求？
5. 齿轮传动间隙的消除有哪些措施？
6. 滚珠丝杠副的工作原理及特点是什么？滚珠丝杠副滚珠循环方式分为哪两类？
7. 为什么要调整滚珠丝杠副的轴向间隙？如何调整？
8. 滚珠丝杠副在机床上的支承方式有几种？各有何优缺点？应用于何种场合？
9. 齿轮–齿条传动的消隙原理是什么？应用于何处？
10. 滑动导轨的截面形状有哪几种？分析其结构特点。
11. 什么叫塑料滑动导轨？它的性能如何？
12. 滚动导轨有何特点？常用的结构形式是什么？
13. 什么是静压导轨？它主要应用于何处？
14. 常见的数控机床的辅助装置有哪些？
15. 常见的排屑装置有哪几种？各应用于何种场合？

第六章 数控车床与车削中心

第一节 数控车床概述

数控车床又称 CNC（Computer Numerical Control）车床，即用计算机数字控制的车床。它是将编制好的加工程序输入到数控系统中，由数控系统通过车床 X 轴和 Z 轴的伺服系统来控制车床的进给运动，再配以主轴的转速和转向，从而加工出各种形状的轴类或盘类回转体零件。它加工灵活、通用性强，能适应产品品种和规格的频繁变化。其加工零件的尺寸精度可达 IT5～IT6，表面粗糙度可达 $Ra1.6\mu m$ 以下，是目前使用较为广泛的数控机床。

一、数控车床的结构

数控车床与普通车床相比较，其结构上仍然是由床身、主轴箱、刀架、主传动系统、进给传动系统、液压、冷却、润滑、排屑、防护系统等部分组成。数控车床的进给系统与普通车床的进给系统在结构上存在着本质上的差别，普通车床是将主轴的运动经过交换齿轮架、进给箱、溜板箱传到刀架，实现刀架的纵向和横向进给运动；而数控车床是采用伺服电动机经滚珠丝杠，将动力直接传到滑板和刀架，实现刀架的纵向（Z 向）和横向（X 向）的进给运动，从而使进给传动系统的结构大为简化。图 6-1 所示为 CK7525A 型数控车床的外观图。

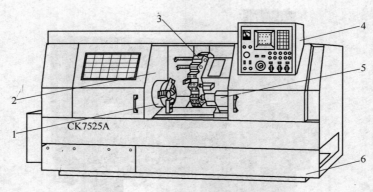

图 6-1 CK7525A 型数控车床外观图

1—主轴卡盘 2—主轴箱 3—刀架 4—操纵箱 5—尾座 6—床身

二、数控车床的分类

数控车床品种繁多、规格不一，可按如下方法进行分类：

1. 按主轴的布局分类

（1）卧式数控车床 主轴轴线水平布置的数控车床，如图 6-2 所示。

（2）立式数控车床　主轴轴线垂直布置的数控车床，如图6-3所示。它有一个直径很大的圆形工作台，用来装夹工件。这类机床主要用于加工径向尺寸大、轴向尺寸相对较小的大型复杂零件。

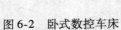

图6-2　卧式数控车床

图6-3　立式数控车床

2. 按数控系统的功能分类

（1）经济型数控车床　采用经济型数控系统的车床称为经济型数控车床，如图6-4所示。这类车床一般采用步进电动机驱动，控制部分通常采用单片机来实现。其成本较低，但自动化程度和功能都比较差，车削加工精度也不高，适用于要求不高的回转类零件的车削加工。

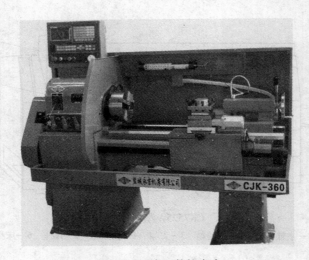

图6-4　经济型数控车床

（2）全功能型数控车床　配备通用数控系统的车床称为全功能型数控车床，如图6-5所示。其数控系统功能强，自动化程度和加工精度也比较高，如配有日本 FANUC-OTE、德国 SIEMENS-810T 系统的数控车床。

图 6-5　全功能型数控车床

三、数控车床的布局

数控车床的主轴、尾座等部件相对于床身的布局形式与普通车床基本一致，主轴箱布置在机床的左侧，尾座布置在机床的右侧，符合右手操作的习惯。但床身导轨和刀架的布局发生了变化，另外，数控车床上都设有防护罩，有些还安装了自动排屑装置。

1. 床身导轨的布局

卧式数控车床的床身导轨有四种布局形式，如图 6-6 所示。

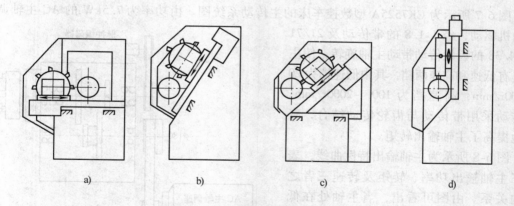

图 6-6　卧式数控机床的布局形式

a）平床身　b）斜床身　c）平床身斜滑板　d）立床身

平床身布局如图 6-6a 所示，平床身工艺性好，便于导轨面的加工，但其下部的空间小，排屑困难。从结构尺寸上看，刀架水平放置使得滑板横向尺寸较长，从而加大了机床宽度方向的尺寸。

斜床身布局如图 6-6b 所示，床身的倾斜角度可为 30°、45°、60°、75°。斜床身刚度高；排屑容易，从工件上切下的炽热铁屑不会堆积在导轨上，便于安装自动排屑装置；操作方便，易于安装机械手，以实现单机自动化；机床宽度方向的尺寸较小，占地面积小，容易实现整体防护，既简洁又美观。该布局形式在中、小型数控车床上普遍采用。

平床身斜滑板布局如图 6-6c 所示，水平床身配上倾斜放置的滑板，兼有平床身及斜床身的优点。

立床身布局如图 6-6d 所示，床身的倾斜角度为 90°，排屑方便，但导轨的导向性差。

床身的倾斜角度小，排屑不便；倾斜角度大，导轨的导向性差，受力情况也差。导轨倾斜角度的大小还会直接影响机床外形高度与宽度的比例。综合考虑上面的因素，中小规格的数控车床，其床身的倾斜角度一般以 45°或 60°为宜。

2. 刀架的布局

刀架对机床整体布局及工作性能影响很大。根据刀架与主轴的方位不同有两种布局形式，一种是刀架在主轴前，即前置式（见图 6-6a）；另一种是刀架在主轴后，即后置式（见图 6-6b、c、d）。刀架后置便于操作者观察工件和测量工件，中高档的数控车床一般都采用后置式刀架。

第二节　数控车床的主传动系统及主轴部件

本节以 CK7525A 型数控车床为例，介绍数控车床的主传动系统及主轴部件。

一、主传动系统

图 6-7 所示为 CK7525A 型数控车床的主传动系统图。由功率为 7.5kW 的 AC 主轴调速电动机驱动，经 1:1.8 的带传动及 21/71 或 54/38 的齿轮传动带动主轴旋转，使主轴具有低速和高速两档，其中低速档为 20 ~400r/min，高速档为 100 ~2000r/min。主传动采用带传动与齿轮传动结合，有效地提高了主轴输出转矩。

图 6-8 所示为主轴输出特性曲线，表明了主轴输出功率、转矩及转速三者之间的关系。由图可看出，当主轴处在低速档20 ~400r/min 时，在 20 ~246r/min 的转速范围内，主轴的输出转矩不变，为主轴的恒转矩区，在这个区域内，主轴的输出功率随主轴转速的增高而变大

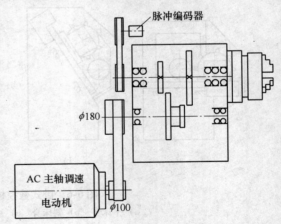

图 6-7　CK7525A 型数控车床主传动系统图

（0.6kW ~7.5kW）；在 246 ~400r/min 的转速范围内，主轴能传递主电动机的全部功率 7.5kW，为主轴的恒功率区，在这个区域内，主轴的输出转矩随主轴转速的增高而变小 （298.2N·m ~183.4N·m）。同理，当机床处在高速档100 ~2000r/mim 时，在 100 ~1184r/mim 的转速范围内，为主轴的恒转矩区；而在 1184 ~2000r/min 的转速范围内，为主轴的恒功率区。

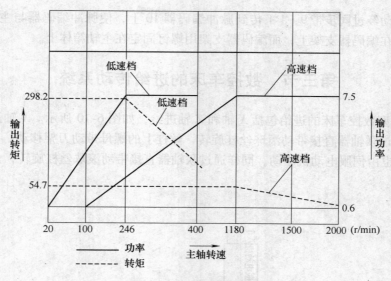

图 6-8　主轴输出特征曲线

二、主轴部件

CK7525A 型数控车床的主轴部件如图 6-9 所示。主轴有前后两个支承，前支承由双列圆柱滚子轴承 1 和 60°双向推力角接触球轴承 2 组成，轴承 1 用来承受径向载荷，轴承 2 用来承受双向轴向载荷，轴承的间隙用止动螺母 6 来调整。主轴的后支承为双列圆柱滚子轴承 7，用来承受径向载荷，轴承的间隙由锁紧螺母 8 来调整。该轴承配置形式的前支承能承受较大的载荷，但极限转速不会太高，为低速重载型。主轴前端定位，受热膨胀可向后伸长，不影响主轴精度。

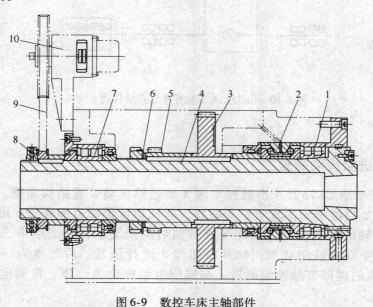

图 6-9　数控车床主轴部件

1、7—双列圆柱滚子轴承　2—双向推力角接触球轴承　3、5—齿轮　4—主轴
6—止动螺母　8—锁紧螺母　9—同步带　10—脉冲编码器

主轴的运动经过同步带 9，1:1 传到脉冲编码器 10 上，使脉冲编码器与主轴同速运转。脉冲编码器装在编码器支架上，而编码器支架用螺钉固定在主轴箱体上。

第三节　数控车床的进给传动系统

CK7525A 型数控车床的进给包括 X 轴和 Z 轴进给，如图 6-10 所示。X 轴进给由伺服电动机驱动，通过联轴器直接带动滚珠丝杠旋转，丝杠上的螺母带动刀架移动。

Z 轴进给也由伺服电动机驱动，同样通过联轴器直接带动滚珠丝杠旋转，丝杠上的螺母带动滑板移动。

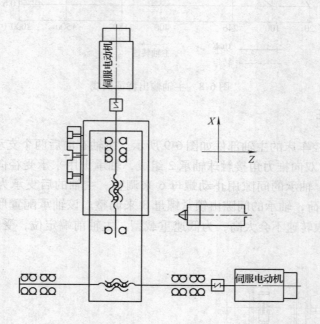

图 6-10　CK7525A 型数控车床进给传动系统图

一、X 轴进给传动装置

图 6-11 所示是 CK7525A 型数控车床 X 轴进给传动装置结构简图。伺服电动机 1 经弹性联轴器 2 直接带动滚珠丝杠 5 回转，丝杠螺母带动刀架底座 6 沿滑板 8 的导轨移动，实现 X 轴的进给运动。滚珠丝杠有前后两个支承，前支承由三个角接触球轴承 4 组成，承受双向轴向载荷，轴承由螺母 3 进行预紧，后支承为一只向心球轴承 7。伺服电动机的尾部带脉冲编码器，与伺服电动机合为一体，检测电动机轴的回转角度。

因为床身导轨与水平面的倾斜角为 45°，刀架的自身重量使其下滑，而滚珠丝杠又不能自锁，故机床依靠伺服电动机的电磁制动来实现自锁。

二、Z 轴进给传动装置

图 6-12 所示是 CK7525A 型数控车床 Z 轴进给传动装置结构简图。伺服电动机 1 同样通过弹性联轴器 2 直接带动滚珠丝杠 6 回转，丝杠螺母带动滑板 9 连同刀架沿床身的矩形导轨移动，实现 Z 轴的进给运动。

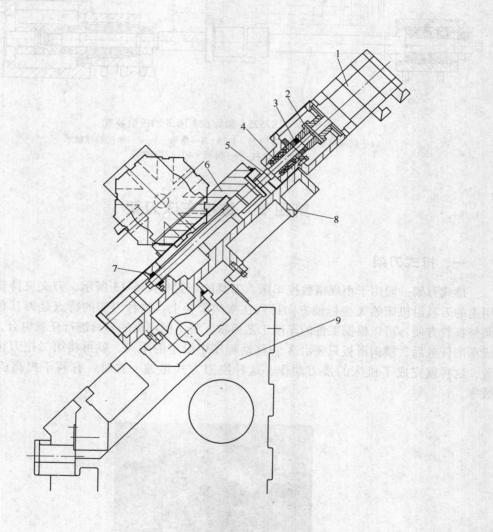

图 6-11　CK7525A 型数控车床 X 轴进给传动装置
1—伺服电动机　2—联轴器　3—螺母　4—角接触球轴承　5—滚珠丝杠
6—刀架底座　7—轴承　8—滑板　9—床身

　　由于 Z 轴行程较长（700mm），故丝杠前、后支承均采用四只一组的角接触球轴承，背靠背安装，丝杠经预拉伸后可获得较高的传动刚度和轴向刚度。脉冲编码器安装在伺服电动机的尾部，与伺服电动机合为一体。

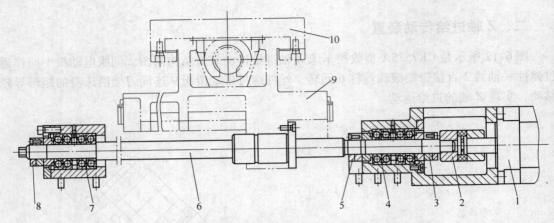

图 6-12　CK7525A 型数控车床 Z 轴进给装置

1—伺服电动机　2—联轴器　3、5、8—螺母　4、7—角接触球轴承
6—滚珠丝杠　9—滑板　10—刀架底座

第四节　数控车床刀架

一、排式刀架

排式刀架一般用于小规格数控车床。刀具的布置如图 6-13 所示，刀夹夹持着各种不同用途的刀具沿机床的 X 坐标轴方向排列在横向滑板上。这种刀架的特点是刀具布置和机床调整都较方便，可以根据工件的车削工艺要求，将不同用途的刀具进行任意组合，一把刀完成车削任务后，横向滑板只要沿 X 轴移动程序中设定的距离，就可将第二把刀移至加工位置，这样就完成了机床的换刀动作。这种换刀方式迅速、省时，有利于提高机床的生产效率。

图 6-13　排式刀架

二、四方刀架

数控车床四方刀架是在普通车床四方刀架的基础上发展而来的一种自动换刀装置，其功能和普通四方刀架一样，有四个刀位，能装夹四把不同功能的刀具，刀架每回转90°变换一个刀位。下面以LDB4型刀架为例说明其具体结构及工作原理。

该刀架为免抬式电动刀架，采用了国际先进的三端齿机构，该机构上刀体转位时不必抬起，从而排除了切削液及切屑对刀架转位时的侵扰，彻底可靠地解决了刀架的密封问题。其机械结构示意图如图6-14所示。上槽盘7、螺杆19、蜗轮15均空套在心轴14上。刀架分度时的精定位由上、下（有内、外两个齿盘）三个端齿盘完成。在螺套18的下端面铣有上端齿，在外端齿盘17的上端铣有外端齿，在下刀体13的上端铣有内端齿。只有当螺套18的凸齿下落，并同时卡在内、外端齿盘17的齿槽内，才完成刀架分度的精定位。

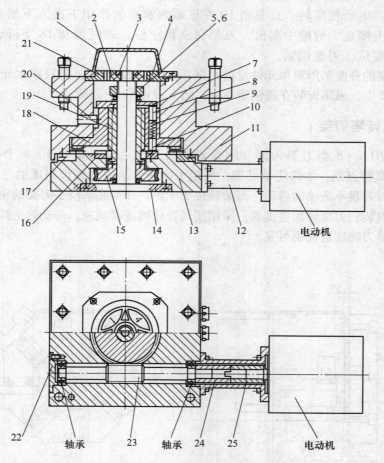

图 6-14　LDB4 型四方刀架

1—上盖　2—发信盘　3—小螺母　4—磁钢座　5—大螺母　6—止退圈　7—上槽盘　8—离合销
9—压缩弹簧　10—反靠销　11—上刀体　12—连接座　13—下刀体　14—心轴
15—蜗轮　16—下槽盘　17—外端齿盘　18—螺套（上端齿盘）　19—螺杆
20—销　21—磁钢　22—端盖　23—蜗杆　24、25—联轴器

刀架的工作原理为：计算机发出换刀信号，控制继电器动作，电动机正转，通过蜗杆23、蜗轮15减速，蜗轮15带动螺杆19作逆时针转动。装配时上、下端齿盘18与外端齿盘17、下刀体13是啮合的（图6-14中上、下端齿盘为脱离状态），离合销8顶在上槽盘7的下端面，反靠销10通过压缩弹簧9压紧在下槽盘16的十字槽内。电动机转动时，由于上、下齿盘间的锁紧力，迫使螺套18相对下刀体13不转动而垂直上升。

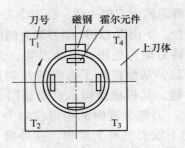

图6-15　霍尔元件的安装

当上、下端齿盘完全脱离后，电动机继续正转，直至离合销8进入上槽盘7的槽中。螺杆19、上槽盘7带动离合销8，带动螺套18，通过销20带动上刀体11转位。

当上刀体11转到所需刀位时，霍尔元件电路发出到位信号，电动机反转，反靠销10在压缩弹簧9的作用下进入下槽盘16的槽中，而离合销8从上槽盘7的槽中爬出，刀架完成粗定位。同时螺套18下降，上、下端齿啮合，完成精定位，刀架锁紧。

该电动刀架的分度采用霍尔元件发信控制，如图6-15所示，四只霍尔元件均布在固定不动的发信盘2上，磁钢安装在磁钢座4上，随上刀体11一起转动。

三、盘式转塔刀架

下面以 BWD 6~8 型刀架为例介绍盘式转塔刀架。该刀架有 6~8 个刀位，外形如图6-16所示。其特点是：结构简单可靠；采用了由销盘、内外端齿组成的三端齿精定位机构，刀架转位时刀盘不必轴向移动，刀架转位更平稳，并彻底解决了刀架的密封问题；该刀架电动机纵放内装，刀架外形更美观；采用摆线针轮减速器减速，传动效力高；采用凸轮机构锁紧，刀架换刀速度更快更可靠。

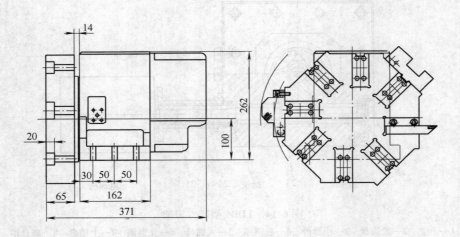

图6-16　BWD 6~8 型盘式转塔刀架外形图

该刀架的内部结构如图6-17所示。

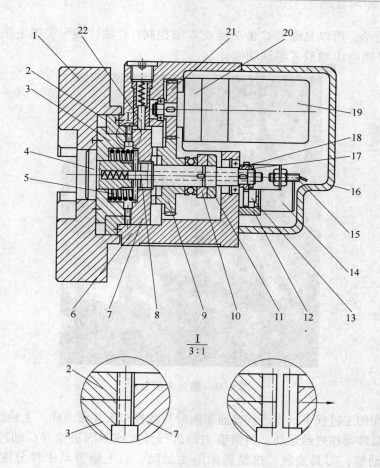

$$\frac{I}{3:1}$$

图6-17　BWD 6~8型盘式转塔刀架

1—刀盘　2—外端齿　3—内端齿　4—主轴　5—弹簧　6—箱体　7—销盘　8—发信杆　9—齿轮
10—止退圈　11—大螺母　12—支座　13—连接盘　14—编码器　15—接近开关　16—后盖
17—小螺母　18—齿轮　19—电动机　20—减速器　21—传动齿轮　22—反靠销

　　其工作原理为：刀架处于锁紧状态，计算机发出换刀信号，正转继电器吸合，电动机19正转，通过摆线针轮减速器20减速，带动传动齿轮21、齿轮9转动，使锁紧凸轮松开，销盘7被弹簧5弹起，端齿脱开，凸轮带动刀盘1转位，编码器14发出刀位信号，若刀盘1旋转到所需刀位时，则正转继电器松开，反转继电器吸合，电动机19反转，刀盘1反转，反靠销22粗定位。销盘7压缩弹簧5前移，端齿啮合，完成精定位。电动机断电，发信杆8发出夹紧信号，加工顺序开始。

第五节　数控车削中心

　　车削中心是在数控车床基础上发展起来的一种复合加工机床，如图6-18所示。车削中心带有自驱动动力刀架，刀架上有能使刀具旋转的动力刀座，有两条传动链，一条驱动刀具旋转，另一条驱动刀架转位。

　　车削中心除具有一般数控车床的各种车削功能外，增加了主轴的进给功能，因其是绕直

线轴 Z 轴回转进给，所以又称为 C 轴功能或 C 轴控制。C 轴功能可实现主轴定向停车分度和圆周进给，并能与 X 轴或 Z 轴联动插补。

图 6-18　数控车削中心

车削中心在加工过程中，当进行普通车削时与数控车床并无两样，主轴旋转依然是机床的主运动，刀具移动作进给运动。当需要主轴进行分度或圆周进给（C 轴控制）时，接通转塔刀架的传动链，刀具旋转，这是机床的主运动，而主轴带动工件分度或作圆周进给运动。

控制轴除 X、Z、C 轴之外，还可具有 Y 轴。X、Y、Z 轴交叉构成三维空间，可进行端面和圆周上任意部位的钻削、铣削和攻螺纹加工。

图 6-19 所示为主轴 C 轴功能示意图。图 6-19a 所示为 C 轴定向时，刀具沿 X 轴进给铣削端面上的槽，刀具沿 Z 轴进给铣削圆柱面上的槽；图 6-19b 所示为主轴作圆周进给，刀具沿 Z 轴移动，即 C 轴与 Z 轴联动，铣削圆柱面上的螺旋槽；图 6-19c 所示为 C 轴与 X 轴联动，铣削工件端面上的螺旋槽；图 6-19d 所示为 C 轴与 X 轴联动，在圆柱体表面上铣削平面。

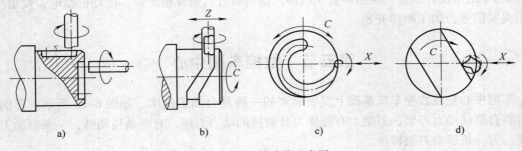

图 6-19　C 轴功能示意图

复习思考题

1. 简述数控车床的机械组成及各部件的作用。
2. 简述数控车床的分类。
3. 数控车床的床身导轨与刀架的布局有哪几种形式？简述每种布局形式的特点和应用范围。
4. 简述 CK7525A 型数控车床的主传动方式。
5. 简述 CK7525A 型数控车床的 X 轴、Z 轴进给传动方式。
6. 排式刀架有何特点？主要应用于何种场合？
7. 简述数控车床上四方刀架的换刀过程。
8. 简述数控车床上盘式转塔刀架的换刀过程。

第七章　数控铣床与加工中心

第一节　数控铣床概述

数控铣床是一种用途广泛的机床，具有 X、Y、Z 三个基本坐标轴，一般三坐标轴可联动。如三个坐标轴中，其中任意两坐标轴可以联动，另一坐标轴可进行间歇进给，则称为两轴半数控铣床。数控铣床的各坐标可以自动定位，工件在一次装夹后，可完成铣、钻、镗、铰、攻螺纹等多种工序的加工，但需手动换刀。由于机床坐标可以自动定位，因而在加工时不需钻、镗模具即可直接钻、镗孔且能保证加工精度，因而节省了工艺装备，缩短了生产周期，从而降低了成本，提高了经济效益。

对于有特殊要求的数控铣床，还可以增加一个数控分度头或数控转台，机床扩大为四轴控制，可用来加工螺旋槽、叶片等立体曲面零件。

一、数控铣床的组成

数控铣床主要由以下几部分组成。

1）数控系统。

2）基础部件，如床身（底座）、立柱、主轴箱、工作台等，它是整台机床的基础和框架。

3）主传动系统。

4）进给传动系统。

5）辅助装置，如液压、润滑、冷却、气动、排屑、防护等。

6）工件实现回转、定位的装置，如数控回转工作台。

7）特殊功能装置，如监控装置、加工过程图形显示、精度检测等。

二、数控铣床的分类

按主轴位置不同，可将数控铣床分为以下四类：

1. 立式数控铣床

立式数控铣床的主轴轴线呈垂直布置，它是数控铣床中数量最多的一种，主要对工件的上表面进行铣、钻、镗、铰、攻螺纹等工序的加工。其 X 轴和 Y 轴的移动一般由工作台完成，而 Z 轴的移动可由主轴箱上下移动完成，如图 7-1 所示。Z 轴的移

图 7-1　立式数控铣床（主轴箱移动式）
1—床身　2—立柱　3—主轴箱
4—工作台　5—中拖板

动也可由工作台上下移动完成，称为升降台式数控铣床，如图7-2所示。立式数控铣床适用于板盘类零件的多品种、中小批量生产。

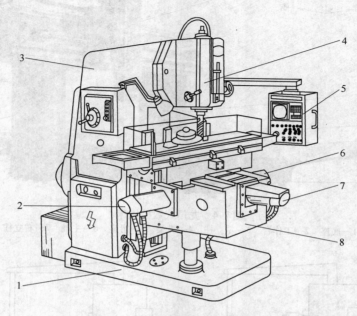

图7-2 立式数控铣床（升降台式）

1—底座 2—升降进给伺服电动机 3—立柱 4—主轴箱 5—操纵箱
6—X向进给伺服电动机 7—Y向进给伺服电动机 8—升降台

2. 卧式数控铣床

卧式数控铣床的主轴轴线平行于水平面，如图7-3所示。为了扩大加工范围和扩充功能，卧式数控铣床通常带有数控回转工作台，这样就可以使工件在一次安装中，通过回转工作台带动工件转位，从而实现"四面加工"。卧式数控铣床特别适合于箱体类零件的加工。

3. 龙门式数控铣床

如图7-4所示，龙门式数控铣床的主轴轴线一般呈垂直布置，有龙门架，可加工工件的上表面，配置附件头后可加工工件的侧面。

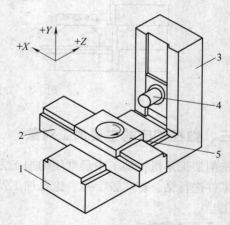

图7-3 卧式数控铣床

1—底座 2—中拖板 3—立柱 4—主轴 5—工作台

4. 立卧复合式数控铣床

如图7-5所示，这类铣床的主轴方向可以变换，在一台机床上既可以进行立式加工，又可以进行卧式加工，使其应用范围更广、功能更全，给用户带来很大的方便。尤其是当生产批量小、品种多，又需要立、卧两种方式加工时，用户只需购买一台这样的机床就可以了。

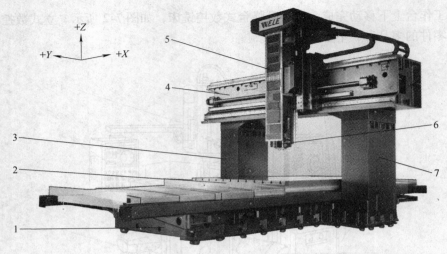

图 7-4 龙门式数控铣床
1—底座 2—工作台 3—左立柱 4—横梁 5—滑座 6—主轴 7—右立柱

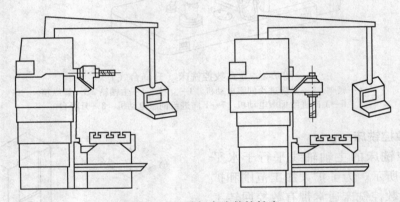

图 7-5 立卧复合式数控铣床

三、数控铣床的主要加工对象

铣削加工是机械加工中最常用的加工方法之一，它主要包括平面铣削和轮廓铣削，也可以对零件进行钻、扩、铰、镗、锪孔加工及螺纹加工等。数控铣削主要适合于下列几类零件的加工。

1. 平面类零件

平面类零件是指加工面平行或垂直于水平面，以及加工面与水平面的夹角为一定值的零件，这类零件的加工面可展开为平面。

图 7-6 所示的三个零件均为平面类零件。其中，曲线轮廓面 M 垂直于水平面，可采用圆柱立铣刀加工。对于斜面 P，当工件尺寸不大时，可用斜板垫平后加工；当工件尺寸很大，斜面坡度又较小时，也常用行切加工法加工，这时会在加工面上留下进刀时的刀锋残留痕迹，要用钳修方法加以清除。凸台侧面 N 与水平面成一定角度，这类加工面可以采用专用的角度成形铣刀来加工。

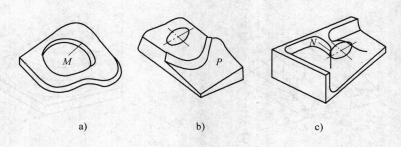

图 7-6　平面类零件
a）轮廓面 M　b）轮廓面 P　c）轮廓面 N

2. 直纹曲面类零件（变斜角类零件）

　　直纹曲面类零件是指由直线依某种规律移动所产生的曲面类零件。如图 7-7 所示零件的加工面就是一种直纹曲面，当直纹曲面从截面（1）至截面（2）变化时，其与水平面间的夹角从 $3°10'$ 均匀变化为 $2°32'$，从截面（2）到截面（3）时，又均匀变化为 $1°20'$，最后到截面（4），斜角均匀变化为 $0°$。直纹曲面类零件的加工面不能展开为平面。

　　当采用四坐标或五坐标数控铣床加工直纹曲面类零件时，加工面与铣刀圆周接触的瞬间为一条直线。这类零件也可在三坐标数控铣床上采用行切加工法实现近似加工。

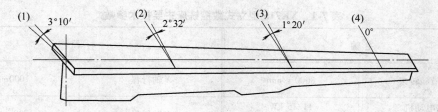

图 7-7　直纹曲面类零件

3. 立体曲面类零件

　　加工面为空间曲面的零件称为立体曲面类零件，这类零件的加工面不能展开成平面，一般使用球头铣刀切削，加工面与铣刀始终为点接触。若采用其他刀具加工，易产生干涉而铣伤邻近表面。加工立体曲面类零件一般使用三坐标数控铣床，采用以下两种加工方法。

　　（1）行切加工法　采用三坐标数控铣床进行两轴半坐标控制加工，即行切加工法。如图 7-8 所示，球头铣刀沿 XZ 平面的曲线进行直线插补加工，当一段曲线加工完后，沿 Y 方向进给 ΔY 再加工相邻的另一曲线，如此依次用平面曲线来逼近整个曲面。相邻两曲线间的距离 ΔY 应根据表面粗糙度的要求及球头铣刀的半径选取。球头铣刀的球半径应尽可能选得大一些，以增加刀具刚度，提高散热性，降低表面粗糙度值。加工凹圆弧时的铣刀球头半径必须小于被加工曲面的最小曲率半径。

　　（2）三坐标联动加工　采用三坐标数控铣床三轴联动加工，即进行空间直线插补。如半球形，可用行切加工法加工，也可用三坐标联动的方法加工。这时，数控铣床的 X、Y、Z 三坐标联动进行空间直线插补，实现球面的加工，如图 7-9 所示。

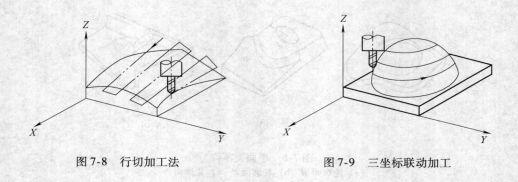

图 7-8　行切加工法　　　　　　　　图 7-9　三坐标联动加工

第二节　数控铣床的主传动系统及主轴部件

　　本节以 XK715 型数控铣床为例，介绍其主传动系统及主轴部件。XK715 型数控铣床配备 FANUC-0i MATE 数控系统，X、Y 坐标轴的移动由工作台完成，Z 坐标轴的移动由主轴箱上下移动完成，其结构具有代表性。三坐标均采用滚动导轨，高精度滚珠丝杠传动，具有强力切削、高速定位等特点。其主要技术参数见表 7-1。

表 7-1　XK715 型立式数控铣床主要技术参数

主　轴		行　程	
主轴最高转速	8000 r/min	X 轴行程	1000mm
主轴电动机（FANUC β 电动机）	11/15 kW（连续/15 分定格）	Y 轴行程	520 mm
主轴锥孔	ISO40	Z 轴行程	570 mm
主轴前端轴承内径	$\phi65$	主轴鼻端至工作台面	150～720 mm
进给系统		主轴中心至立柱导轨面	550 mm
$X/Y/Z$ 轴伺服电动机	1.8/1.8/1.8kW（连续）	工作台面至地面	835 mm
$X/Y/Z$ 轴快移速度	20/20/15m/min	工作台	
最大切削进给速度	10m/min（X、Y、Z）	工作台面尺寸	1200mm×520mm
精　度		T 形槽	5mm×18mm×100mm
定位精度（带光栅）	0.01 mm	工作台承重	1000kg
重复定位精度（带光栅）	0.006 mm		

一、主传动系统

图 7-10 所示为 XK715 型数控铣床的主传动系统图。主轴电动机经同步带及带轮带动主轴旋转，使主轴在 50 ~ 8000r/min 的转速范围内实现无级调速。主传动采用带传动而不是齿轮传动，使主轴箱的结构变得简单，安装、调整及维修都很方便。

二、主轴部件

图 7-11 所示为 XK715 型数控铣床的主轴部件内部结构。主轴前支承采用四只一组的高精度角接触球轴承，可同时承受径向及轴向载荷。后支承采用单列圆柱滚子轴承，内孔 1:12 锥度，可预紧，仅承受径向载荷。该主轴轴承

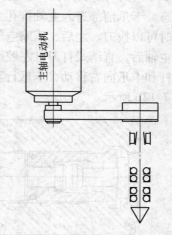

图 7-10　XK715 型数控铣床主传动系统图

配置形式保证了主轴具有较高的刚度，高速性能好。主轴套筒 14 的外部有循环冷却水槽，通入冷却水或冷却油，可对高速旋转的主轴及主轴轴承进行冷却，以保证主轴长时间运转的精度不变。

1. 主轴内刀具的自动夹紧机构

刀具的自动夹紧机构又称拉刀机构。数控铣床只有一根主轴，每次只能装夹一把刀具，所以一道工序加工完后，需更换另一把刀具。为了实现刀具在主轴内的装卸，主轴内设计有刀具的自动夹紧机构。如图 7-11 所示，它主要由螺母 2、拉杆 3、碟形弹簧 7、拉杆前端的卡爪 8 等组成。螺母 2 与拉杆 3 通过螺纹连接。

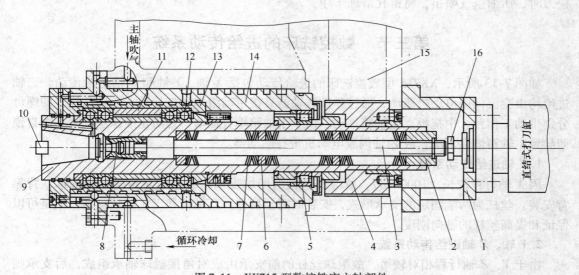

图 7-11　XK715 型数控铣床主轴部件

1—气缸座　2—螺母　3—拉杆　4—带轮　5—轴承　6—隔圈　7—碟形弹簧　8—卡爪　9—主轴
10—端面键　11—轴承隔套（内/外）　12—轴承　13—水套　14—主轴套筒　15—同步带　16—活塞

换刀时，主轴需松开刀具。这时，安装于主轴后端的直结式打刀缸右腔通气，推动气缸内的活塞 16 左移，推动拉杆 3 向左移动，拉杆前端的卡爪 8 也左移，此时碟形弹簧 7 处于受压缩状态。卡爪前部进入主轴锥孔上端的槽内后张开，松开刀柄尾部的拉钉，如图 7-12a 所示，此时可以拔刀。之后，压缩空气进入，吹净主轴锥孔，为装入新刀具做好准备。当新刀具插入主轴后，直结式打刀缸左腔通气，推动活塞 16 向右移，这时，碟形弹簧 7 弹性恢复，使拉杆和卡爪向右移动，卡爪行至狭窄处向内收拢，拉紧刀柄尾部的拉钉，使刀具被夹紧，如图 7-12b 所示。

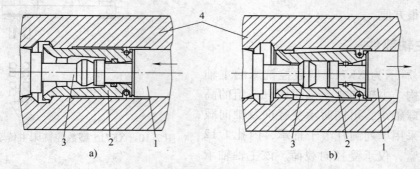

图 7-12 刀柄尾部的拉紧机构
a）松刀 b）拉刀
1—拉杆 2—卡爪 3—拉钉 4—主轴

2. 切屑清除装置

切屑清除装置又称主轴吹气装置。自动清除主轴孔内的灰尘和切屑是换刀过程中一个必要环节，如果主轴锥孔中落入了切屑、灰尘或其他污物，在拉紧刀柄时，锥孔表面和刀柄锥面会被划伤，甚至会使刀柄发生偏斜，破坏刀柄的正确定位，影响零件的加工精度。为了保持主轴锥孔的清洁，常采用的方法是使用压缩空气吹屑。压缩空气通道如图 7-11 所示，当松刀时，压缩空气喷出，将锥孔清理干净。

第三节　数控铣床的进给传动系统

如图 7-13 所示，XK715 型数控铣床的进给传动包括 X 轴、Y 轴和 Z 轴进给传动。三轴进给均由交流伺服电动机驱动，通过弹性联轴器直接带动滚珠丝杠旋转，三轴丝杠上的螺母分别带动工作台、中拖板、主轴箱移动。由于主轴箱垂直运动，为防止滚珠丝杠因不能自锁而导致主轴箱惯性下滑，故 Z 轴伺服电动机带有制动器。

1. X 轴进给传动系统

因 X 轴行程较长（1000mm），故滚珠丝杠的两端支承均采用成对角接触球轴承，背靠背安装。丝杠为两端固定的支承形式，安装时需预拉伸，其结构和工艺都较复杂，但是可以保证和提高丝杠的轴向刚度。

2. Y 轴、Z 轴进给传动系统

由于 Y、Z 轴行程相对较短，故滚珠丝杠的前支承由成对角接触球轴承组成，后支承则只用一只向心球轴承。丝杠的支承形式为一端固定、一端浮动，丝杠受热膨胀可以向后端伸长。

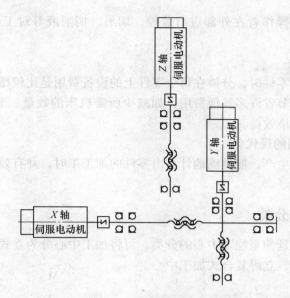

图 7-13　XK715 型数控铣床进给传动系统图

第四节　加工中心

数控铣镗床加装了刀库和自动换刀装置后称为铣镗类加工中心，简称加工中心（CNC Machining Center）。

加工中心的突出特征是设置有刀库，刀库中存放着各种刀具或检具，在加工过程中由程序自动选用和更换，这是它与数控铣床、数控镗床的主要区别。

一、加工中心的特点

1. 加工精度高

在加工中心上加工工件，采用工序集中的原则，一次装夹即可加工出零件上大部分甚至全部待加工表面，避免了工件多次装夹所产生的装夹误差，因此，加工表面之间能获得较高的相互位置精度。同时，加工中心多采用半闭环，甚至闭环控制，有较高的定位精度和重复定位精度，在加工过程中产生的尺寸误差能及时得到补偿，与普通机床相比，能获得比较高的加工精度。

2. 加工生产率高

一次装夹能完成较多表面的加工，减少了多次装夹工件所需的辅助时间。同时，减少了工件在机床与机床之间、车间与车间之间的周转次数和运输工作量。

3. 工艺适应性强

零件每个工序的加工内容、切削用量、工艺参数都可以编入程序，可以随时修改，这给新产品试制、实行新的工艺流程和试验提供了方便。

4. 劳动强度低，劳动条件好

在加工中心上加工零件，只要按图样要求编制程序，然后输入系统进行调试，安装零件进行加工即可，不需要进行繁重的重复性手工操作，劳动强度较低；同时，加工中心的结构大都采用全封闭防护，操作者在外部进行监控，切屑、切削液等对工作环境的影响微乎其微，劳动条件较好。

5. 良好的经济效益

使用加工中心加工零件时，分摊在每个零件上的设备费用是比较昂贵的，但在单件、小批量生产情况下，可以节省许多其他费用，如减少所需机床的数量、节约大量工艺装备等，因此可以获得良好的经济效益。

6. 有利于生产管理的现代化

利用加工中心进行生产，能准确地计算出零件的加工工时，并有效地简化检验、工装夹具和半成品的管理工作。

二、加工中心的分类

由数控铣床的分类延伸至加工中心的分类，可将加工中心分为立式加工中心、卧式加工中心、龙门式加工中心、立卧复合式加工中心。

1. 立式加工中心

立式加工中心的主轴轴线呈垂直布置，如图 7-14 所示。

立式加工中心通常能实现 X、Y、Z 三轴联动。工作台一般呈长方形，不设分度回转功能，适合于盘类零件的加工。也可在工作台上安装一个水平轴线的数控回转台，即第四轴，用以加工螺旋线或其他回转类零件。立式加工中心结构较为简单，占地面积小，价格相对便宜。

2. 卧式加工中心

卧式加工中心的主轴轴线呈水平布置，如图 7-15 所示。卧式加工中心通常都带有可进行分度的回转工作台，具有 3~5 个运动坐标轴。常见的是 X、Y、Z 三个直线运动坐标轴加一个回转运动坐标轴，它能够使工件在一次装夹后完成除安装表面和顶面外的其他四个加工表面的加工，特别适合于箱体类零件的加工。

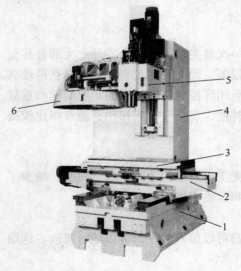

图 7-14 立式加工中心
1—底座 2—中拖板 3—工作台
4—立柱 5—主轴箱 6—刀库

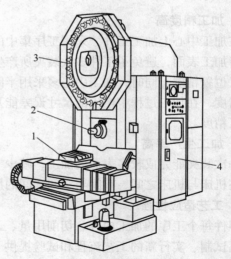

图 7-15 卧式加工中心
1—回转工作台 2—主轴 3—刀库 4—数控柜

3. 龙门式加工中心

龙门式加工中心的形状与龙门铣床类似，主轴多为垂直布置，带有刀库及自动换刀装置，并有可更换的主轴头附件，如图 7-16 所示。

图 7-16　龙门式加工中心
1—刀库　2—左立柱　3—横梁　4—右立柱　5—工作台

4. 立卧复合式加工中心

立卧复合式加工中心又称万能加工中心，是兼具立式和卧式加工中心功能的一种加工中心。工件安装后，加工中心能完成除安装面外的所有侧面及顶面等五个表面的加工，因此也称五面加工中心。

常见的立卧复合式加工中心有两种形式：一种是主轴可以旋转 90°，既可以像立式加工中心一样工作，也可以像卧式加工中心那样工作；另一种是主轴不改变方向，而工作台可以带着工件旋转 90°，完成对工件五个表面的加工。

利用立卧复合式加工中心加工工件可以使工件的几何误差尽可能地消除，省去了二次装夹的工装，从而提高了生产率，降低了生产成本。但由于它的结构复杂、占地面积大、造价高，所以使用和生产的数量远不如其他类型的机床。

三、加工中心的自动换刀系统

自动换刀系统（Automatic Tools Changer，简称 ATC）由刀库和刀具交换装置（如机械手）等组成。

自动换刀系统的换刀动作为：一个工序加工完毕，数控系统发出指令，刀具快速退离工件到达换刀位置（同时主轴准停），新旧刀具交换，主轴旋转并快速趋近工件，开始下一工序的加工。

（一）刀库类型

1. 盘式刀库

图 7-17 所示为盘式刀库，盘式刀库结构简单、取刀方便，但由于刀具沿圆盘的圆周排

列，受刀盘尺寸的限制，刀库容量较小，通常为 12~40 把刀。因此，盘式刀库一般用于刀具容量较小的中、小型数控机床。

图 7-17　盘式刀库

2. 链式刀库

在环形链条上装刀座，每个刀座上放一把刀，链条由链轮驱动。链式刀库有单环链和多环链等几种，图 7-18a 所示为单环链布局，图 7-18b 所示为多环链布局。当刀库需要增加刀具数量时，可以增加链轮的数目，使链条折叠回绕，提高空间利用率，如图 7-18c 所示。

链式刀库的特点是结构紧凑，装刀容量大，选刀和取刀动作简单。适用于刀库容量较大的场合。

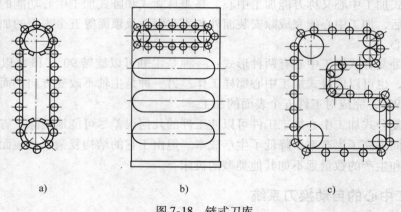

a)　　　　　　　　　　　　b)　　　　　　　　　　c)

图 7-18　链式刀库
a) 单环链式　b) 多环链式　c) 折叠链式

（二）刀库选刀方式

刀库选刀，就是数控机床按照数控装置的指令，从刀库中挑选各工序所需刀具的操作。刀库选刀方式分为顺序选刀和任意选刀两种。

1. 顺序选刀

工件加工前，将刀具按加工工序的顺序排列在刀库内。每次换刀时，刀库按顺序转动一个位置，取出相应的刀具。加工不同的工件时必须重新调整刀库中的刀具顺序。这种选刀方式的优点是刀库的驱动和控制都比较简单，缺点是刀具在不同的工序中不能重复使用，使刀具的数量增加，同时占用了刀位。因此，适合在加工批量较大，工件品种数量较少的中、小型自动换刀机床上使用。

2. 任意选刀

随着数控技术的发展，目前大多数的数控系统都具有刀具任选功能。刀具任选又分为刀具编码、刀座编码和计算机记忆式三种。其中刀具编码或刀座编码需要在刀具或刀座上安装用于识别的编码条，一般都是根据二进制编码的原理进行编码的。

（1）刀具编码方式　如图 7-19所示，它采用了一种特殊的刀柄结构，在刀柄尾部的拉钉 3 上装有一组相同厚度的编码环 1，并用锁紧螺母 2 将它们固定。编码环的外径有两种不同的规格，每个编码环的高低分别代表二进制的"1"和"0"。通过这两种编码环的不同排列，可以得到一

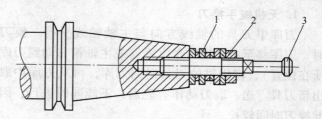

图 7-19　编码刀柄示意图
1—编码环　2—锁紧螺母　3—拉钉

系列的代码，例如图中所示的是代码为 1010011 号刀具。7 个编码环通过排列组合能够组成127（即 2^7-1）个代码，分别代表 127 把不同的刀具。

当刀库中带有编码环的刀具依次通过编码识别装置时，编码识别装置就能按照编码环的高低读出每一把刀的代码，如果读出的代码与数控装置发出的刀具选择指令代码相一致时，就会发出信号使刀库停止回转，这时加工所选用的刀具就准确停留在取刀位置上，然后由抓刀机构从刀库中将刀具取走。

由于每一把刀具都有自己的代码，因而刀具可以放在刀库中的任何一个刀座内，这样不仅刀库中的刀具可以在不同的工步中多次重复使用，而且换下的刀具也不用放回原来的刀座，对刀具选用和放回都十分有利，刀库的容量也可以相应地减小，而且还可以避免由于刀具顺序的差错所造成的事故。但是，由于每把刀具上都带有专用的编码环，使刀具的长度加大，刀具刚度降低，同时使得刀库的结构也变得复杂。

（2）刀座编码方式　如图 7-20 所示，它是对刀库中的刀座进行编码，刀具放入刀座后与刀座的编码一一对应，选刀时根据刀座的编码进行选取。由于这种编码方式取消了刀柄中的编码环，使刀柄的结构大大简化，刚度也得到加强。采用刀座编码方式，一把刀具只对应一个刀座，从一个刀座中取出的刀具必须放回同一个刀座中，如果操作者把刀具误放入与编码不符的刀座中，就会造成事故。刀座编码方式最突出的优点是刀具可以在加工过程中多次重复使用，但换刀时必须先将主轴上的刀具送回刀库中刚才取刀的刀座，然后才能从刀库中选取下一工序所需的刀具装到主轴上。送刀和取刀的动作不能同时进行，导致换刀的时间较长。

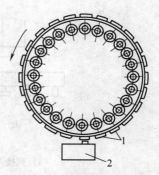

图 7-20　刀座编码示意图
1—刀座　2—刀座识别装置

（3）计算机记忆式　这是目前在绝大多数加工中心上使用的一种选刀方式。这种方式能将刀具号和刀座号一一对应，存放在 PLC 存储器中。不论刀具存放在哪个刀座上，新的

对应关系都能重新建立，这样刀具可以在任意位置存取。刀库上还设有机械原点，使每次选刀时就近选取，对于盘式刀库来说，刀库可正转或反转，每次都不超过 180°。该选刀方式结构简单，控制也十分简单。

（三）刀具交换装置

数控机床的自动换刀系统中，用来实现刀库与机床主轴之间传递和装卸刀具的装置称为刀具交换装置。刀具的交换方式分为无机械手换刀（即通过刀库与机床主轴之间的相对运动实现刀具交换）和机械手换刀两种。

1. 无机械手换刀

刀库中刀具的轴线方向与主轴轴线平行。换刀时，刀库移至主轴箱所在位置（或主轴箱移动到刀库所在位置），将用过的刀具送回刀库，再从刀库中取出新刀具。送、取刀动作有先后，不能同时进行，因此换刀时间较长。

图 7-21 所示为一台立式加工中心，刀具的交换方式采用的就是无机械手换刀。盘式刀库安装在立柱的左侧，刀库除可围绕自身的中心回转外，还可沿刀库支架上的轨道前移或后退；而主轴箱可以沿立柱上的导轨上、下移动。当一把刀具加工完毕从工件上退出后，即开始换刀。其换刀过程如图 7-22 所示。

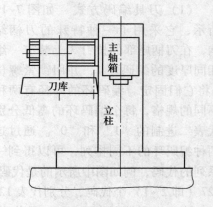

图 7-21　无机械手换刀立式加工中心

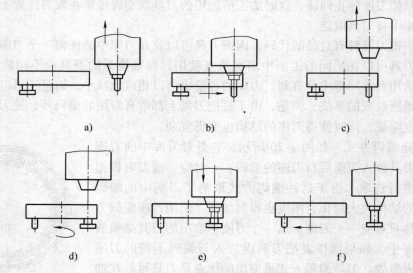

a)　　　　　　　　b)　　　　　　　　c)

d)　　　　　　　　e)　　　　　　　　f)

图 7-22　无机械手换刀过程

a) 到换刀点　b) 抓刀　c) 拔刀　d) 刀库回转　e) 插刀　f) 返回

1）主轴箱向上到达换刀点，主轴准停。

2）刀库前移抓刀。

3）主轴松刀，主轴箱上移，将刀柄退出。

4）刀库回转，将下一工序所需刀具转至主轴正下方。

5）主轴箱下移，新刀具插入主轴锥孔中，主轴拉刀，将刀具拉紧。

6）刀库后退。

至此，换刀结束，主轴重新开始旋转，工件坐标定位，开始新一轮的加工。

2. 机械手换刀

加工中心的刀库与主轴的相对位置不同，所使用的换刀机械手也不尽相同，从机械手臂的类型来看，有单臂机械手、双臂机械手等，它们都能完成抓刀、拔刀、回转、插刀和返回这几个换刀动作。

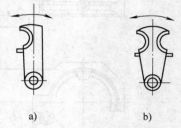

图 7-23 所示为单臂机械手，图 7-23a 为单臂单爪回转式，手臂上只有一个刀爪，主轴、刀库上的装刀及卸刀均靠这一刀爪，换刀时间较长。图 7-23b 为单臂双爪回转式，手臂上有两个刀爪，一个从主轴上取"旧"刀放回刀库，另一个从刀库中取"新"刀装入主轴。

图 7-24 所示为双臂机械手，两个手臂上各有一个刀爪，能够同时抓取主轴和刀库中的刀具，使得换刀时间进一步缩短。

图 7-23 单臂机械手
a) 单臂单爪 b) 单臂双爪

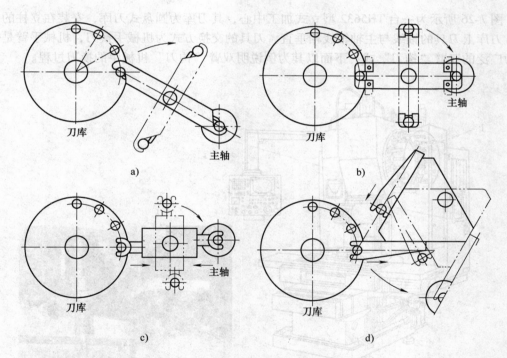

图 7-24 双臂机械手
a) 钩刀手 b) 抱手 c) 伸缩手 d) 插手

为防止刀具脱落，机械手的刀爪必须带有自锁机构。如图 7-25 所示，机械手臂 1 上有两个固定刀爪 7，当机械手臂旋转抓刀时，锥销 6 插入刀柄的键槽中，同时，两刀爪上的销 8 分别被主轴前端面和刀库上的挡块压下，销 8 推下锁紧销 3，使轴向开有长槽的活动销 5 在弹簧 2 的作用下向右移顶住刀具。机械手拔刀时，两个刀爪上的销 8 分别与主轴端面及刀库上的挡块脱离接触，锁紧销 3 被弹簧 4 弹起，卡住活动销 5 使其不能后退，从而将刀具顶紧，这样机械手在回转180°时，刀具不会被甩出。当机械手向上插刀时，两个销8又分别被压下，推动锁紧销3从活动销5的孔中退出，活动销5松开刀具，机械手便可反转复位。

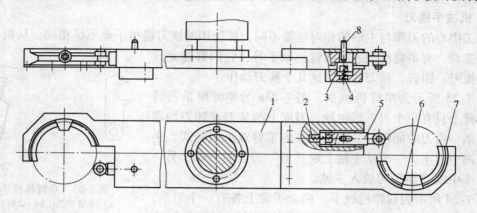

图 7-25　机械手刀爪自锁机构

1—机械手臂　2、4—弹簧　3—锁紧销　5—活动销　6—锥销　7—固定刀爪　8—销

图7-26 所示为一台 TH5632 型立式加工中心，其刀库为圆盘式刀库，安装在立柱的左侧面，刀库上刀具的轴线与主轴轴线相垂直。刀具的交换方式为机械手换刀，机械手臂是使用最为广泛的双臂"钩刀"式，下面以其为例说明双臂"钩刀"机械手的换刀过程。

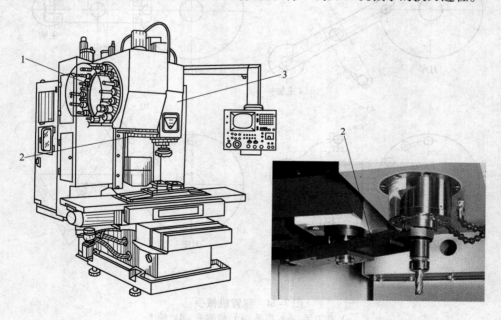

图 7-26　机械手换刀立式加工中心

1—刀库　2—换刀机械手　3—主轴箱

上一工序加工完毕，主轴处于"准停"位置，其换刀过程如图7-27所示。

1）选刀。刀库转动，将待换刀具转至换刀位置。

2）刀套向下翻转90°。由于刀库中刀具的方向与主轴垂直，故换刀前，必须将刀套连

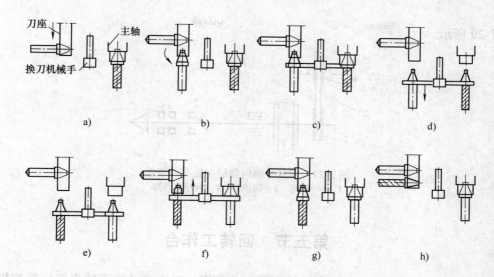

图 7-27　双臂"钩刀"机械手换刀过程
a）选刀　b）刀套向下翻转 90°　c）抓刀　d）拔刀
e）手臂回转 180°　f）插刀　g）手臂复位　h）刀套向上翻转 90°

同待换刀具向下翻转 90°。

3）抓刀。手臂旋转，同时抓住刀库和主轴上的刀具。

4）拔刀。主轴松刀，机械手同时将刀库和主轴上的刀具拔出。

5）手臂回转 180°，新旧刀具交换。

6）插刀。机械手同时将新、旧刀具分别插入主轴和刀库，主轴拉刀，将刀具拉紧。

7）手臂复位。手臂转动，回到原始位置。

8）刀套向上翻转 90°。刀套带着刀具向上翻转 90°，为下一次选刀做准备。

（四）主轴准停装置

主轴准停又称主轴定位或主轴定向，即当主轴停止转动时，能够准确地停在某一固定的位置，这是自动换刀所必需的功能。加工中心的切削转矩由主轴上的端面键来传递，每次机械手自动装取刀具时，必须保证刀柄上的键槽对准主轴的端面键，这就要求主轴具有准确定位的功能。为满足主轴这一功能而设计的装置称为主轴准停装置或主轴定向装置。

现代数控机床采用电气方式定位较多，其结构简单、定向时间短、可靠性高。电气方式定位一般有以下两种方式。

一种是用磁性传感器检测定位，如图 7-28 所示，在主轴上安装一个永久磁铁 2 与主轴一起旋转，在距离永久磁铁 1 ~ 2mm 处固定一个磁传感器 3，它经过放大器与主轴控制单元相连接，当主轴需要定向时，便可停止在调整好的位置上。

另一种是用脉冲编码器检测定位，这种方法是通过主轴电动机内置安装的脉冲编码器或在机床主轴箱上安装一个与主轴 1∶1 同步旋转的脉冲编码器来实现准停控制，准停角度可任意设定，

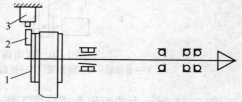

图 7-28　用磁传感器的主轴准停装置
1—垫片　2—永久磁铁　3—磁传感器

如图 7-29 所示。

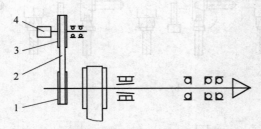

图 7-29　用脉冲编码器的主轴准停装置
1、3—带轮　2—同步带　4—脉冲编码器

第五节　回转工作台

为了提高数控机床的生产效率，扩大其工艺范围，对于自动换刀的多工序数控机床来说，回转工作台已成为一个不可缺少的部件，特别是卧式数控机床，通过回转工作台的回转分度，可以实现工件的多面加工，对箱体零件的加工尤为方便。

数控机床常用的回转工作台有分度工作台和数控回转工作台两种。

一、分度工作台

分度工作台是按照数控系统的指令，在需要分度时工作台连同工件回转规定的角度，也可采用手工分度。分度工作台只能完成分度工作而不能实现圆周进给，并且它的分度运动只能完成一定的回转度数，如 90°、60° 或 45° 等，以改变工件相对于主轴的位置，使工件一次安装可以完成多个表面的加工。

下面以端面齿盘式分度工作台为例说明其工作原理。

端面齿盘式分度工作台又称鼠牙盘式分度工作台或鼠齿盘式分度工作台，图 7-30 所示为 TH63 系列卧式加工中心上用的端面齿盘式分度工作台的工作原理图。

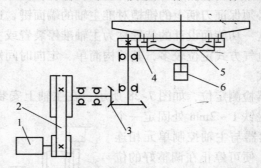

图 7-30　端面齿盘式分度工作台工作原理图
1—电动机　2—同步带　3—锥齿轮副　4—齿轮副　5—端齿盘副　6—液压缸

图 7-31 所示为端面齿盘式分度工作台的具体结构，主要由底座、工作台、端齿盘（包括上、下齿盘）等零部件组成。上、下齿盘的端面加工有数目相等的齿，它们是保证分度工作台分度精度的关键部件。

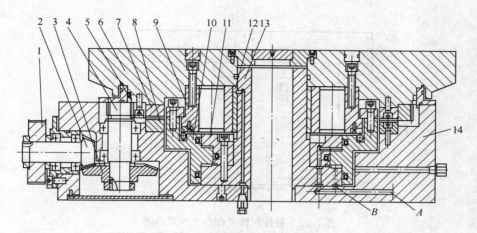

图 7-31　端面齿盘式分度工作台

1—大带轮　2—小锥齿轮　3—锥齿轮　4—齿轮轴　5—大齿圈　6—工作台　7—上齿盘
8—下齿盘　9—连接体　10—活塞　11、13—液压缸体　12—铜套　14—底座

该分度工作台的分度运动共分为抬起、回转分度及落下夹紧三个步骤。

1）抬起。B 腔进油，活塞 10 向上运动，带动连接体 9 及工作台 6 向上运动，从而使上、下齿盘 7、8 脱开，为工作台的回转分度做准备。

2）回转分度。伺服电动机带动电动机轴、小带轮（图中未画出）驱动大带轮 1，通过锥齿轮副 2、3 及齿轮轴 4 带动大齿圈 5 转动，从而带动工作台 6 回转，至预定位置电动机停转。回转工作台可以正、反方向 360°等分定位。

3）落下夹紧。A 腔进油，油压将活塞 10 压下，带动连接体 9 及工作台 6 向下运动，上、下齿盘 7、8 啮合，将工作台夹紧在台体上。

工作台的松开、抬起及夹紧，均有接近开关信号检测位置。

端齿盘的向心多齿啮合，应用了误差平均原理，因而能够获得较高的分度精度和定心精度（分度精度可达 ±0.5″ ~ ±3″）；而且上、下齿盘接触面大、磨损小、寿命长，这是它的优点。其缺点是端齿盘对制造精度要求很高，需要某些专用的加工设备，尤其是最后一道上、下齿盘的齿面对研工序，通常要花费数十小时。此外，它不能进行任意角度的分度，只能分度能除尽鼠牙盘齿数的度数，如鼠牙盘齿数为 720，则该鼠牙盘式分度工作台分度的最小度数为 360/720 = 0.5°。

这种工作台可与数控机床做成一体，也可作为机床的标准附件，用 T 形螺钉紧固在机床工作台上使用。

二、数控回转工作台

数控回转工作台既可以进行分度运动，还可以进行圆周进给运动。它的分度运动与分度工作台的不同，它可作任意角度的分度，而且既可以正转也可以反转。从外形上看它与分度工作台没有多大区别，但由于功用不同，所以内部结构也不相同。

图 7-32 所示为数控回转工作台的工作原理图，它由进给传动系统及蜗轮夹紧装置组成。

进给传动路线为：电动机驱动蜗杆 1、蜗轮 2 回转，而蜗轮 2 与工作台 3 固联，从而带动工作台 3 回转。由圆光栅 5 检测回转度数。

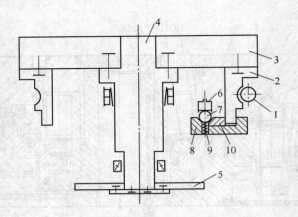

图 7-32　数控回转工作台工作原理图
1—蜗杆　2—蜗轮　3—工作台　4—心轴　5—圆光栅
6—液压缸　7—钢球　8、10—夹紧瓦　9—弹簧

　　夹紧装置由 6、7、8、9、10 组成，当工作台静止不动时必须锁紧，为此，在回转工作台底座的圆周上均匀分布着八个液压缸 6 及八对夹紧瓦 8、10，用来夹紧蜗轮 2。数控系统发出指令，液压缸 6 上腔通入压力油，推动活塞向下运动，压下钢球 7，撑开夹紧瓦 8 和 10（二者方向相反），从而将蜗轮 2 夹紧，工作台被锁紧。当工作台需要回转时，松开动作与上述夹紧动作相反。数控系统发出指令，液压缸 6 上腔的油液流回油箱，钢球 7 在弹簧 9 的作用下向上抬起，夹紧瓦 8 和 10 松开蜗轮，这时蜗轮 2 及工作台 3 在传动装置带动下可以回转。

　　图 7-33 所示为数控回转工作台的具体结构。为了消除各传动环节中的间隙，保证数控回转工作台的反向定位精度，通过偏心套 3 调整齿轮 2 和 4 之间的啮合间隙。齿轮 4 和蜗杆 9 通过楔形销钉 5 连接（A—A 剖视），装配时先装入楔形销钉 5，再装入蜗杆 9，最后拉紧楔形销钉 5，消除轴与套的配合间隙。蜗杆 9 为双导程蜗杆，其左、右侧导程不等（同一侧仍是相等的），使得蜗杆的齿厚沿原始计算剖面线性增厚，因此可用轴向移动蜗杆的方法来消除蜗杆副的齿侧间隙。螺母 8 用螺钉固定在底座上。调整时，先松开楔形销钉 5，这样蜗杆 9 轴向移动时不至于带动齿轮 4 轴向移动。然后松开螺母 8 上的锁紧螺钉 7，使压块 6 与调整套 11 松开，转动调整套 11，使其在螺母 8 内一边转动，一边做轴向移动，从而通过蜗杆 9 上的两只止推轴承，带动蜗杆做轴向移动。调整完毕后，拧紧螺钉 7，使压块 6 压紧调整套 11，使其不能再转动，最后拉紧楔形销钉 5。

　　蜗杆 9 的两端由双列滚针轴承支承，承受径向力。左端为自由端，可自由伸缩以消除温度变化的影响。右端装有两只止推轴承，轴向锁紧，承受轴向力，同时起轴向定位的作用。

　　数控回转工作台由大型滚柱轴承 13 支承，并由双列圆柱滚子轴承 15 及圆锥滚子轴承 14 确保其回转中心不变。

　　数控回转工作台设有零点，当它做返回零点运动时，首先由安装在蜗轮上的撞块 22 碰撞限位开关，使工作台减速，再通过感应块 23 和无触点开关，使工作台准确地停在零点位置上。

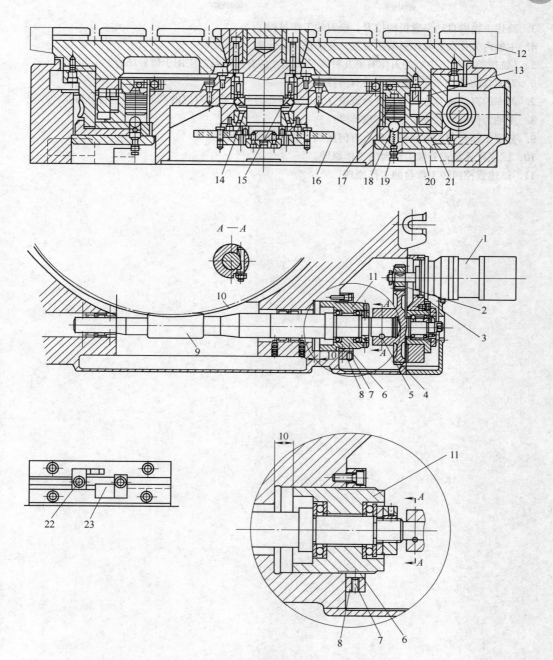

图 7-33 数控回转工作台

1—电动机 2、4—齿轮 3—偏心套 5—楔形销钉 6—压块 7—螺钉 8—螺母 9—蜗杆
10—蜗轮 11—调整套 12—工作台 13—滚柱轴承 14—圆锥滚子轴承 15—双列圆柱滚子轴承
16—圆光栅 17—活塞 18—钢球 19—弹簧 20、21—夹紧瓦 22—撞块 23—感应块

复习思考题

1. 简述数控铣床的组成及分类。
2. 简述数控铣床的主要加工对象。

3. 简述主轴内自动夹紧机构拉刀、松刀的工作过程。
4. 主轴内为什么要有切屑清除装置？它的作用是什么？
5. （铣镗类）加工中心的刀库有哪几种常见形式？各有何特点？应用于何种场合？
6. 刀库自动选刀方式有几种？各有何特点？
7. 刀库的自动换刀方式有几种？试以立式加工中心为例，将其对应的换刀动作进行分解。
8. 主轴为何需要准停？如何实现准停？
9. 分度工作台和数控回转工作台有何区别？它们有哪些功能？
10. 试述鼠牙盘式分度工作台的工作原理。
11. 试述数控回转工作台的工作原理。

参 考 文 献

[1]　戴曙. 金属切削机床 [M]. 北京：机械工业出版社，2004.

[2]　王平，叶晓苇. 车削工艺技术 [M]. 沈阳：辽宁科学技术出版社，2009.

[3]　姜全新，唐燕华. 铣削工艺技术 [M]. 沈阳：辽宁科学技术出版社，2009.

[4]　宋玉鸣. 金属切削机床 [M]. 北京：中国劳动社会保障出版社，2005.

[5]　全国数控培训网络天津分中心. 数控机床 [M]. 北京：机械工业出版社，2006.

[6]　李雪梅. 数控机床 [M]. 北京：电子工业出版社，2010.

参考文献

[1] 　　　　　　　　　[M]. 北京: 机械工业出版社, 2004.

[2] 　　　　　　　　[M]. 北京: 　　工业出版社, 2009.

[3] 　　　　　　　　[M]. 北京: 　　　　技术出版社, 2009.

[4] 　　　　　　　　[M]. 北京: 中国　　保险出版社, 2005.

[5] 　　　　　　　　[M]. 北京: 机械工业出版社, 2008.

[6] 　　　　　　　　[M]. 北京: 　工业出版社, 2010.